#CatchUpCall

Experten im Scheinwerferlicht und die Geheimnisse für erfolgreiche Online-Events

Alexander Niggemann/Ute Gütschow (Hrsg.)

#CatchUpCall

Experten im Scheinwerferlicht
und
die Geheimnisse für erfolgreiche Online-Events

ratio books

Impressum:

#CatchUpCall

**Experten im Scheinwerferlicht
und die Geheimnisse für erfolgreiche Online-Events**

Unterstützung durch Künstliche Intelligenz: Ein technologischer Fortschritt im Verlagswesen. In der Erstellung dieses Buches, das ein wesentlicher Teil der #CatchUpCall-Reihe ist, haben wir uns der Unterstützung durch Künstliche Intelligenz (KI) bedient. Diese fortschrittliche Technologie war entscheidend bei der Sammlung und Analyse von Transkripten sowie bei der Zusammenführung von Erkenntnissen und Inspirationen aus den verschiedenen #CatchUpCall-Events. Die KI unterstützte uns bei der Aufbereitung der Daten und der Anpassung von Texten, was eine entscheidende Hilfe in der Konzeption dieses Werkes darstellte. Mit diesem Buch demonstrieren wir, wie die Integration moderner Technologie unser Verständnis und Wissen erweitern und die Möglichkeiten des Verlagswesens bereichern kann.

Haftungsausschluss: Obwohl bei der Zusammenstellung des Inhalts dieses Buches größte Sorgfalt walten gelassen wurde, übernehmen wir als Herausgeber keine Garantie für die Korrektheit, Vollständigkeit und Aktualität der hier bereitgestellten Informationen. Jegliche Haftung für Schäden, die aus der Nutzung dieses Buches entstehen könnten, wird hiermit ausdrücklich ausgeschlossen.

Die jeweilige Meinung des Autors/der Autorin spiegelt nicht die Meinung des Verlages, der Herausgeber oder der anderen Autoren wider.

Wir haben uns nach langer Überlegung dazu entschlossen, den Autorinnen und Autoren freizustellen, ob und in welcher Form sie gendern wollen. Manche haben sich entschlossen, dies zu Gunsten der besseren Lesbarkeit nicht zu tun. Alle Autoren sprechen selbstverständlich alle Leserinnen und Leser gleichberechtigt an.

ratio-books • 53797 Lohmar • Danziger Str. 30
info@ratio-books.de
Tel.: (0 22 46) 94 92 61
Fax: (0 22 46) 94 92 24
www.ratio-books.de

ISBN: 978-3-96136-186-1
E-Book: 978-3-96136-187-8

published by

ratio books

Gewidmet unserem Verleger Franz König

Inhaltsverzeichnis:

Prolog:
Der Beginn unserer #CatchUpCall-Reise

Prolog: Der Beginn unserer #CatchUpCall-Reise

Es begann als ein flüchtiger Gedanke, eine Idee, die in den Tiefen von Alexanders Geist schlummerte. Diese Vision, bekannt als #CatchUpCall, verharrte monatelang unbeachtet in einer metaphorischen Schublade von Alexander Niggemann. Doch wie ein Samenkorn, das im Verborgenen keimt, war diese Idee dazu bestimmt, ans Licht zu treten und zu erblühen.

Von Anfang an war Alexander überzeugt, dass seine Vision einer kolleaborativen Umsetzung bedurfte, eines gleichgesinnten Geistes, der seine Leidenschaft und seinen Enthusiasmus teilen würde. Trotz zahlreicher Gespräche mit potentiellen Mitstreitern fehlte stets ein wesentliches Element – die echte Begeisterung, die notwendig war, um #CatchUpCall zum Leben zu erwecken.

Das Schicksal fügte es, dass Alexander auf Ute Gütschow traf. Bei einer lebendigen Diskussion nach einer Podcast-Aufnahme entflammte Utes Begeisterung für LinkedIn und seine Potenziale als Liveformat-Bühne. Ihre Worte, „LinkedIn ist eine wunderbare Bühne, und wir sind die privilegierten Akteure, die darauf spielen dürfen“, entzündeten ein Feuer in Alexander. In diesem Augenblick, als er den Funken in Utes Augen sah, erkannte er, dass er endlich das fehlende Puzzleteil gefunden hatte. Gemeinsam träumten sie von einem großen Theater, einem Publikum, das gespannt auf die wenigen, aber auserwählten Akteure auf der Bühne wartete.

Daraus entstand der #CatchUpCall – ein innovatives Format, das Experten eine Plattform bietet, um in nur fünf Minuten ihre Professionalität, Persönlichkeit und ihren einzigartigen „Wow-Effekt“ zu präsentieren. Es war eine Herausforderung, zehn geeignete Experten für dieses ambitionierte Projekt zu gewinnen, doch nur 17 Tage nach diesem schicksalhaften Treffen, wurde die Premiere von #CatchUp-Call live übertragen und erreichte etliche Zuschauer.

Heute steht der #CatchUpCall für weit mehr als ein einfaches Liveformat. Es ist zu einer Bühne avanciert, auf der Experten nicht nur ihr Fachwissen teilen, sondern auch das Publikum inspirieren und jedem die Möglichkeit geben, in kürzester Zeit seinen eigenen „Wow-Effekt" zu kreieren.

Dieses Buch entführt Sie in die Welt des #CatchUpCalls, eine Welt, in der Experten in prägnanter, kraftvoller Art und Weise bemerkenswerte Geschichten und Erkenntnisse präsentieren. Einige dieser Experten haben sich nicht nur als Redner etabliert, die ihr Publikum fesseln, sondern auch als Autoren, die ihre Erfahrungen und Einsichten in diesem Buch teilen.

Jede dieser unglaublichen Geschichten, die einst live auf der Bühne erzählt wurden, hat nun ihren Weg aufs Papier gefunden. Die Experten bringen ihre prägnanten Einsichten und inspirierenden Erfahrungen ein, um eine dynamische Lektüre zu schaffen.

Die Dynamik und Energie, die auf der Bühne des #CatchUpCalls entstand, hat eine neue Generation von Storytellern und Denkern hervorgebracht. Diese Autoren teilen nun in diesem Buch ihre Geschichten, ihr Fachwissen und ihre Leidenschaft mit Dir.

Ihre faszinierenden Vorträge, tiefgründigen Einblicke und die unvergleichliche Energie des #CatchUpCalls werden auf diesen Seiten zum Leben erweckt.

Dieses Buch ist eine Einladung, sich von diesen Experten und ihren Geschichten inspirieren zu lassen. Sie haben auf der Bühne des #CatchUpCalls ihre Expertise und ihre einzigartigen „Wow-Effekte" präsentiert und nun hast Du die Gelegenheit, diese in schriftlicher Form zu erleben. Tauche ein in diese inspirierenden Geschichten und entdecke die Magie, die in nur fünf Minuten entstehen kann.

Einleitende Worte: Die Wegbereiter

Einleitende Worte: Die Wegbereiter

Vorwort von Alexander Niggemann und Ute Gütschow (Hrsg.)

Wo deine Expertise, Leidenschaft und Kunst des Event-Management sich vereinen

Willkommen auf einer Entdeckungsreise, die im Herzen des #CatchUpCall beginnt – einem magischen Ort, an dem nicht nur Fachwissen und Leidenschaft aufeinandertreffen, sondern auch die spannende Welt des Event-Managements zum Leben erwacht. Wir, Ute Gütschow und Alexander Niggemann, haben diesen einzigartigen Raum geschaffen, um dir nicht nur eine Bühne für deine Expertise und Begeisterung zu bieten, sondern auch um dir das Know-how zu vermitteln, wie du ein erfolgreiches Online-Event auf LinkedIn aufbaust und meisterst.

Stell dir vor: Du betrittst die Bühne, das Licht umfängt dich, die Uhr tickt. Du hast fünf Minuten, um dein Fachwissen und deinen „WoW-Effekt" zu präsentieren. Doch das Buch #CatchUpCall, dass du gerade in Händen hältst, ist mehr als das. Es ist eine „Masterclass" in digitaler Event-Architektur. Du lernst, wie du ein Online-Event von Grund auf errichtest, es monetarisierst und mit technischen Herausforderungen umgehst.

Damit gibt dieses Buch einen tiefgreifenden Einblick in die Welt der Online-Events. Es enthält alles, was du wissen musst – von der Bewältigung von Pleiten, Pech und Pannen bis hin zum effektiven Einsatz von Technik. Du erfährst, wie du während des Live-Events im Chat interagierst und Engagement förderst, wie du deine Kommunikationsfähigkeiten perfektionierst und wie du in nur fünf Minuten eine geschäftliche Präsentation meisterhaft zusammenfasst.

Dabei geht es nicht nur darum, Wissen zu vermitteln, sondern auch darum, wie du das Spotlight effektiv nutzt, um deinen Expertenstatus zu stärken, wie du Lampenfieber überwindest und vieles mehr.

Zudem ist jeder Beitrag unserer Experten in diesem Buch ein Beispiel für die Kunst des Ausdrucks und die Fähigkeit, ein Publikum in kürzester Zeit zu fesseln und zu begeistern.

Wir laden dich ein, in die Welt des #CatchUpCalls einzutauchen und die Facetten der Event-Organisation und -Präsentation zu erkunden. Egal, ob du bereits ein erfahrener Experte bist oder neue Perspektiven und Fähigkeiten suchst, dieses Buch bietet eine Fülle an Wissen, Inspiration und praktischen Tipps.

Lass dich von den Geschichten und Erfahrungen inspirieren, erweitere dein Fachwissen und wage vielleicht sogar den Schritt, deine eigene Erfahrung auf der #CatchUpCall-Bühne zu teilen – sowohl als Experte als auch als Veranstalter von deinem eigenen Format.

Viel Freude beim Lesen, Lernen und Entdecken.

Mit herzlichen Grüßen,

Ute Gütschow & Alexander Niggemann

Ein Meilenstein der Verlagskunst: Die Symbiose von Live-Event und Buchprojekt

Vorwort von Franz König, Verleger bei Verlag ratio-books

Ein Meilenstein der Verlagskunst: Die Symbiose von Live-Event und Buchprojekt

Wenn ich, Franz König, auf die Entstehungsgeschichte dieses außergewöhnlichen Buches zurückblicke, erfüllt mich eine tiefe Zufriedenheit und Begeisterung. Als Verleger bei ratio-books und Teilnehmer des #CatchUpCall Live-Events, habe ich die einzigartige Gelegenheit gehabt, bei einem Projekt mitzuwirken, das nicht nur ein Höhepunkt in meiner Karriere darstellt, sondern auch ein strahlendes Beispiel für innovative Synergien im Verlagswesen ist.

Die Konzeption des #CatchUpCall war von Beginn an faszinierend – eine Bühne, die Experten aus verschiedenen Bereichen zusammenbringt, um in nur fünf Minuten ihre Gedanken und Erfahrungen zu teilen. Als ich das erste Mal Zeuge dieses Formats wurde, erkannte ich sofort das Potenzial, diese dynamischen Präsentationen in Buchform zu bringen. Die Idee, ein Live-Event mit einem Buchprojekt zu verbinden, war für mich als Verleger ein aufregendes und inspirierendes Unterfangen.

Dieses Buch ist das Ergebnis einer bemerkenswerten Kollaboration zwischen einer Vielzahl von Autoren, die ihre einzigartigen Perspektiven und Fachkenntnisse einbringen. Jeder Beitrag ist ein Mosaikstein in diesem großartigen Gesamtbild, das nicht nur Wissen und Inspiration vermittelt, sondern auch die Magie des #CatchUpCalls einfängt.

Für mich persönlich stellt dieses Projekt einen besonderen Höhepunkt dar. Es ist nicht nur ein Beweis für die Vielseitigkeit und Anpassungsfähigkeit in der heutigen Verlagswelt, sondern auch ein Zeugnis dafür, wie Live-Events und Bücher in perfekter Harmonie zusammenwirken können, um ein noch breiteres Publikum zu erreichen. Die Energie und das Engagement, das jeder Autor in seinen Beitrag gesteckt hat, haben dieses Buch zu einem wahren Schatz gemacht, der die Grenzen herkömmlicher Publikationen sprengt.

Während des #CatchUpCall Live-Events habe ich nicht nur als Zuschauer, sondern auch als Mitgestalter teilgenommen. Die Interaktionen, der Austausch von Ideen und die lebendige Atmosphäre des Events haben mich tief beeindruckt und mir gezeigt, wie lebendig und dynamisch die Welt des Wissensaustausches sein kann.

Ich lade dich nun ein, in die Seiten dieses Buches einzutauchen und die Vielfalt der Themen, die Tiefe der Einsichten und die Leidenschaft der Autoren zu erleben. Jede Geschichte ist ein Fenster in eine neue Welt, jede Seite ein Schritt auf einer Entdeckungsreise.

Als Verleger von ratio-books bin ich stolz darauf, Teil dieses außergewöhnlichen Projekts gewesen zu sein, und ich freue mich darauf, zu sehen, wie es Leser und Zuschauer gleichermaßen inspiriert und bereichert.

Viel Freude beim Lesen und Entdecken!

Herzlichst,

Franz König Verleger, Verlag ratio-books

#CatchUpCall: Die Reise von der Idee zur Realisierung

#CatchUpCall:
Die Reise von der Idee zur Realisierung

Die Geschichte zum #CatchUpCall: Von der Blaupause zum Event in 17 Tagen

Die Entstehung des #CatchUpCall war eine Reise der Innovation und Leidenschaft, beginnend am 1. August. Innerhalb von nur 17 Tagen gelang es uns, Ute und mir, eine Vision in die Tat umzusetzen: Ein Format, das Businesswissen in straffen 5-Minuten-Präsentationen bündelt. Der Schlüssel zu diesem Erfolg war die Nutzung von LinkedIn als Plattform für das Event und Restream als Drittanbieter-Software, um live gehen zu können.

Die Vorbereitungen für das Event waren intensiv. Nachdem wir unsere zehn Experten aus unserem Netzwerk akquiriert hatten, begannen wir mit der technischen und inhaltlichen Planung. Der #CatchUpCall sollte nicht nur informativ, sondern auch visuell ansprechend sein. Wir entschieden uns für ein einladendes Intro- und Outro-Video und eine inspirierende Titelmusik, um das Event am 17. August um 7:55 Uhr einzuleiten.

Um 8 Uhr betraten Ute und ich als Moderatorenpaar die virtuelle Bühne auf LinkedIn und begrüßten die Zuschauer. Es war überwältigend zu sehen, wie Menschen aus so vielen Regionen und teilweise aus dem Ausland sich zuschalteten. Nach einer kurzen Einführung in den Ablauf und das Format des #CatchUpCalls starteten wir pünktlich um 8:05 Uhr mit dem ersten Experten.

Für eine klare und effiziente Struktur des Events nutzten wir ein 16:9-Format, in dem wir links einen TimeTimer platzierten, der die Zeit stoppte, und rechts den jeweiligen Experten, ebenfalls im 16:9-Format. Diese Anordnung ermöglichte es uns, zwei kleine

Quelle: YouTube

16:9-Bildschirme innerhalb des größeren Formats zu präsentieren. Jeder Experte wurde mit einer von Ute sorgfältig und liebevoll erstellten Anmoderation eingeführt.

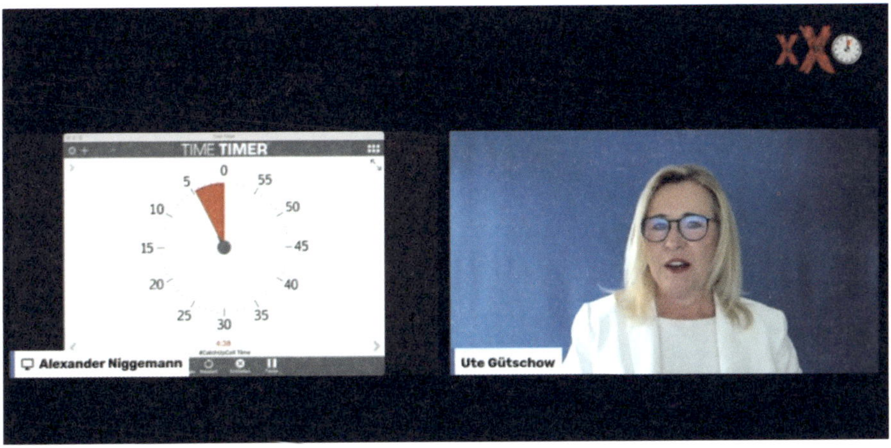

Quelle: YouTube

Bis 8:58 Uhr hatten wir es geschafft, alle 10 Experten auf die Bühne zu bringen und wir beendeten das Event mit unseren Abschlussworten und dem Outro-Video um 9.05 Uhr.

Jeder trug mit seinem Thema dazu bei, den Chat zum Explodieren zu bringen. Die Dynamik und Interaktion mit dem Publikum waren außergewöhnlich.

Nach dem offiziellen Teil des Events feierten wir eine Afterworkparty mit den ersten zehn Experten. Ihre begeisterten Rückmeldungen bestätigten uns, dass wir etwas ganz Besonderes geschaffen hatten – ein Format, das Experten und Publikum gleichermaßen faszinierte und begeisterte.

Als wir das Event beendeten, waren Ute und ich uns einig: Dies war erst der Anfang einer spannenden Serie. Das #CatchUpCall-Format hatte sich als enorm erfolgreich erwiesen und rief nach Fortsetzung. Wir waren motiviert und inspiriert, weiterzumachen und freuten uns auf die nächsten Events, die wir mit ebenso viel Begeisterung und Engagement gestalten wollten.

Ein Jahr später blickten wir mit Stolz auf das Erreichte zurück. Wir hatten die Ehre, 80 Experten auszeichnen zu dürfen, die durch den #CatchUpCall eine Plattform für ihre Ideen und ihr Fachwissen fanden. Jeder Einzelne von ihnen trug dazu bei, den #CatchUpCall zu einem unvergesslichen Erlebnis zu machen. Dieses Event war nicht nur ein Meilenstein für uns als Organisatoren, sondern auch ein leuchtendes Beispiel für die Kraft der Innovation und Gemeinschaft in der digitalen Welt.

Abenteuer Erfolg:
Die 5B-Strategie als Wegweiser

Abenteuer Erfolg: Die 5B-Strategie als Wegweiser

von Alexander Niggemann

In einer Welt, in der Geschwindigkeit und Innovation die Eckpfeiler des Erfolgs sind, erhebt sich eine Stimme, die nicht nur inspiriert, sondern auch transformiert – die von Alexander Niggemann. Mit seiner unnachahmlichen Fähigkeit, rasch und effektiv Geschäftsstrategien zu entwickeln, hat Alexander den Geschäftshorizont unzähliger Unternehmen erweitert und sie auf ein völlig neues Level gehoben.

Seine Expertise liegt nicht nur darin, Organisationen dabei zu unterstützen, ihre eigene Vision zu erkennen und zu entfalten, sondern auch darin, diese Visionen in greifbare Realitäten zu verwandeln. Alexander bringt Unternehmen nicht einfach nur auf Kurs; er katapultiert sie auf die Überholspur, wobei er Ideen und Ziele zum Leben erweckt und sie in messbare Erfolge umwandelt.

In seinem Buchbeitrag nimmt uns Alexander Niggemann mit auf eine Reise in seine Welt – eine Welt, in der strategisches Denken, unerschütterliche Leidenschaft und der unbedingte Wille, Ziele zu erreichen, im Mittelpunkt stehen. Wir tauchen ein in die Tiefen seiner Methoden, lernen aus seinen Erfahrungen und entdecken, wie wir die Lehren, die er uns bietet, auf unsere eigenen Unternehmen und Lebenswege anwenden können.

Bereite dich darauf vor, von Alexanders Geschichten, Strategien und Einsichten inspiriert zu werden, die weit über die traditionellen Geschäftspraktiken hinausgehen. Lasse dich einladen zu einem Abenteuer, das nicht nur dein Unternehmen, sondern auch deine persönliche Sicht auf Erfolg und Leistung verändern wird.

Der Wegbereiter des Wandels – Alexander Niggemann

Ein unerwarteter Anfang – Die Reise nach Italien

Vor 26 Jahren hätte ich niemals gedacht, dass ein einzelner Tag mein ganzes Leben verändern würde. Es war der 28. Juni 1997, ein Tag, der unbewusst den Grundstein für meine spätere 5B-Strategie legte. An diesem Tag begann eine Reise, die mich weit mehr lehrte, als ich mir jemals vorstellen konnte – eine Reise, die in Italien, genauer gesagt an der malerischen Toskana-Küste, ihren Höhepunkt fand.

Es begann alles mit einem Roadtrip, einem Abenteuer unter Freunden. Wir waren jung, voller Energie und bereit, die Welt zu entdecken. Doch was als einfache Reise begann, verwandelte sich schnell in ein Ereignis voller unerwarteter Wendungen. Auf den italienischen Autobahnen mussten wir den unterschiedlichsten Gegenständen ausweichen, eine Herausforderung, die unsere Fähigkeiten und unseren Teamgeist auf die Probe stellte. Schließlich, erschöpft aber glücklich, erreichten wir unser Ziel: die Toskana-Küste.

Dort, am Strand, als wir uns entspannten und das Leben genossen, trat eine unerwartete Begegnung in mein Leben. Eine Frau näherte sich mir, stand direkt vor mir im Licht und warf ihren Schatten auf mich. Sie wollte mir aus der Hand lesen. Zunächst dachte ich an einen Scherz, suchte nach versteckten Kameras und blickte verwirrt umher. Doch sie bestand darauf, nur mir aus der Hand zu lesen. Das Verrückte dabei war, dass ich kein Wort Italienisch verstand und meine Freunde als Dolmetscher fungieren mussten.

Auf dem Heimweg begann ich, die Worte der Frau zu reflektieren und zu notieren. Sie eröffnete mir eine Welt, die ich bis dahin nicht kannte. „Glaube versetzt Berge, aber Aufgeschriebenes schafft neue Welten“, wurde mir klar. Diese Worte und die Erfahrungen dieses Tages legten den Grundstein für das, was ich später als meine persönliche 5B-Strategie entwickeln sollte. Sie waren der Beginn meiner Reise, nicht nur räumlich, sondern auch im Geiste.

Von der Vision zur Realität – Die Geburt der 5B-Strategie

Der Weg zu außergewöhnlichen Leistungen beginnt immer mit einem starken Antrieb, einem brennenden Wunsch nach etwas Neuem und Aufregendem. Dies war der Kerngedanke unseres Abenteuers vor 26 Jahren. Wir wollten Abenteuer erleben, Freiheit spüren und das Leben in vollen Zügen genießen. Dieser Wunsch nach Erlebnis war der Funke, der unsere Reise entflammte. Doch um ein solches Abenteuer Wirklichkeit werden zu lassen, braucht es mehr als nur einen Traum. **Man braucht die richtigen Begleiter – oder wie ich sie nenne, die „besten Buddies der Welt“.**

Ein Plan war ebenfalls unerlässlich. Unser Ziel war einfach, aber bedeutungsvoll: Italien. Dieses Ziel gab unserer Reise Richtung und Zweck. In meiner später entwickelten 5B-Strategie entspricht dies dem **Prinzip „Brain“ – der Fähigkeit, einen Plan zu entwerfen und eine Richtung zu bestimmen.**

Nicht zu vergessen ist das notwendige Equipment. Für unseren Roadtrip hatten wir lediglich einen Opel Kadett und eine bescheidene Campingausrüstung – unser **„Body“.** Aber es war ausreichend. In der Geschäftswelt ist es nicht anders: **Man braucht die richtigen Werkzeuge und Ressourcen, um seine Ziele zu erreichen.**

Das wirklich Revolutionäre an dieser Reise, und was später zum **Gamechanger** in meiner beruflichen Laufbahn werden sollte, war das, was ich heute als **das „Blackbox-Prinzip"** bezeichne. Es geht um die **Dokumentation und Reflexion der gemachten Erfahrungen und Erkenntnisse**. Heute, als Berater für Unternehmen, wende ich ein ähnliches Prinzip an: Wir starten mit den grundlegendsten und wichtigsten Aspekten – den Werten des Unternehmens.

Bevor wir mit der Arbeit beginnen, definieren wir, wer an diesem Projekt teilnehmen wird. **Wir erstellen eine grobe Roadmap**, die als Leitfaden dient. Dann, ähnlich wie auf unserer Reise, erkunden wir, was bereits vorhanden ist – Ressourcen und Ideen, die wir nutzen können, um unsere Ziele zu erreichen.

Der nächste Schritt ist die **Erstellung einer detaillierten Blaupause unserer Pläne**, gefolgt von der Umsetzung in die Realität. Wir bauen das Produkt, aber nicht zu Ende – nur so weit, dass es getestet und von unserer Zielgruppe erlebt werden kann. **Der WOW-Effekt, den wir erzeugen, ist entscheidend für den Erfolg.**

Am Ende steht der Test mit ausgewählten Kunden. **Mit nur fünf Kunden testen wir, ob unser Produkt das Potenzial hat, das nächste große Ding zu werden.** Dieser Prozess, der sowohl spannend als auch herausfordernd ist, zeigt uns, ob eine Idee das Zeug hat, in der Zukunft zu bestehen.

Die hier beschriebene Reise von der ersten Idee bis zum fertigen Konzept lässt sich visuell durch die beigefügte Grafik „Die 5B-Strategie" nachvollziehen. Die Grafik illustriert die einzelnen Schritte unserer Strategieentwicklung und zeigt auf, wie aus einer Vision greifbare Ergebnisse entstehen. Jeder Tag des 5B- Prozesses – von „Bold Why" bis „Business" – wird dargestellt und bildet die Stationen unserer Reise ab. Du siehst, wie die „Blackbox" des Reflektierens und

Dokumentierens in der Praxis umgesetzt wird und wie der iterative Prozess von Brainstorming und Feedbackläufen den Weg zum Erfolg ebnet.

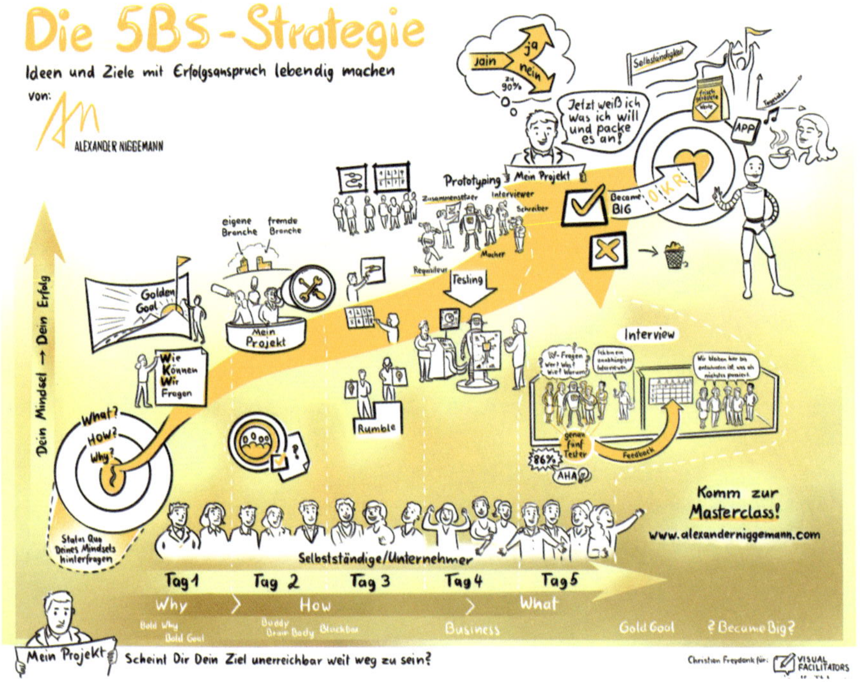

Diese visuelle Karte begleitet dich auf dem Weg, die 5B-Strategie zu verstehen und anzuwenden. Sie dient als Wegweiser, um das Ziel nicht aus den Augen zu verlieren und zeigt, dass jedes Element – von der Wahl der richtigen „Buddies" bis hin zum benötigten „Body" (Equipment) – essentiell für den Erfolg des Gesamtprojekts ist. Am Ende des Weges steht der Test, der entscheidet, ob die Idee in der realen Welt Bestand hat – ein Prozess, der hier durch das Feedback echter Kunden illustriert wird.

Die universelle Anwendung der 5B-Strategie

Das Wichtigste an meiner Philosophie und der 5B-Strategie ist, dass sie universell anwendbar ist. Es spielt keine Rolle, ob du an einer Software arbeitest, deine Arztpraxis optimierst oder ein bestehendes Produkt verbesserst. Entscheidend ist, dass du den Mut hast, in die Zukunft zu blicken und nicht Jahre darauf zu warten, herauszufinden, ob deine Idee Bestand haben wird. Mit der richtigen Strategie kannst du bereits in fünf Tagen erkennen, ob deine Vision in der Zukunft Erfolg haben kann.

Dieser Prozess ist mehr als nur eine Methode; er ist eine inspirierende Reise, die Freude bereitet und Kreativität entfacht. Es geht darum, mutig zu sein, Neues zu wagen und zu erleben, wie aus deiner Vision Realität wird. Durch diesen Ansatz haben wir schon vielen Menschen geholfen, Produkte und Dienstleistungen zu entwickeln, die die Welt noch nicht gesehen hat.

Dein Weg in die Zukunft – Ein Aufruf zum Handeln

Dieser Buchbeitrag enthält Auszüge aus meinem Buch **„ErfolgReicher – Erreiche deine Ziele mit der 5B-Strategie", dem umfassenden Leitfaden**, der dich Schritt für Schritt auf dem Weg zu deinem persönlichen und beruflichen Erfolg begleitet. Die hier dargestellten Methoden und Erkenntnisse sind Teil eines größeren Systems, das in meinem Buch detailliert beschrieben wird. Es ist eine Anleitung, die nicht nur inspiriert, sondern auch praktische Werkzeuge zur Umsetzung der 5B-Strategie anbietet.

Wenn du bereit bist, deine Ideen und Ziele zum Leben zu erwecken, dann lade ich dich herzlich ein, Teil meiner Masterclass zu werden. Oder buche mich als Speaker für dein nächstes Event. In meinen interaktiven und dynamischen Keynotes teile ich mein Wissen und meine Erfahrungen und unterstütze dich dabei, die ersten Schritte in Richtung der Verwirklichung deiner Träume zu machen. Mit „ErfolgReicher" erhältst du nicht nur Einblick in die Theorie hinter dem Erfolg, sondern auch in die praktische Anwendung, die dich in die Lage versetzt, das Erlernte direkt in die Tat umzusetzen.

Die Welt hat dich und dein Produkt verdient. Wage den ersten Schritt und werde Teil einer Bewegung, die die Zukunft gestaltet. Lass uns gemeinsam den Weg beschreiten, um Produkte und Dienstleistungen zu erschaffen, die nicht nur innovativ sind, sondern auch einen echten Unterschied in der Welt machen.

„Es ist nie zu spät, etwas Neues zu beginnen. Fang einfach an und lass die Zukunft zu deiner Spielwiese der Möglichkeiten werden."

Herzlichst, dein Alexander

Alexander Niggemann

Experte für frische Unternehmenswerte, Speaker, Bestsellerautor & Business-Entertainer

Alexander Niggemann, mehrfach ausgezeichneter Speaker, Bestsellerautor und Business-Entertainer, ist der Experte, an den man sich wendet, um Geschäftsideen, Produkte und Dienstleistungen agil und werteorientiert in Rekordzeit zu entwickeln und profitabel zu machen. Mit seiner 5B-Strategie navigiert er nicht nur Unternehmen durch das Business-Labyrinth, sondern ebnet ihnen auch den Weg zum Erfolg, indem er die nächsten Entscheidungen klar und strategisch aufzeigt. Sein Engagement für frische Unternehmenswerte revolutioniert die Branche und setzt neue Maßstäbe für Authentizität und geschäftliche Exzellenz. Als Experte für frische Unternehmenswerte revolutioniert er die Art, wie Organisationen denken und handeln.

LinkedIn: https://www.linkedin.com/in/alexander-niggemann/

Web: https://alexanderniggemann.com

Email: info@alexanderniggemann.com

Digitale Event-Architektur: Das Fundament bauen

Digitale Event-Architektur: Das Fundament bauen

Wie baue ich ein erfolgreiches Online-Event auf LinkedIn auf?

Der Aufbau eines erfolgreichen Online-Events auf LinkedIn ist eine Herausforderung, die sowohl kreative als auch strategische Planung erfordert. In der digitalen Welt, in der wir leben, bieten Plattformen wie LinkedIn eine hervorragende Gelegenheit, um ein breites Publikum zu erreichen und zu engagieren. Hier sind einige Schlüsselschritte, die dir helfen können, ein erfolgreiches Online-Event auf LinkedIn aufzubauen:

1. **Klare Zielsetzung definieren**: Bevor du mit der Planung beginnst, solltest du dir über das Ziel deines Events im Klaren sein. Möchtest du ein Produkt vorstellen, ein Netzwerk aufbauen, Wissen teilen oder eine Diskussion anregen? Dein Ziel bestimmt den Rahmen und die Ausrichtung deines Events.

2. **Zielgruppe identifizieren**: Kenne dein Publikum. Wer sind die Personen, die du ansprechen möchtest? Überlege, was sie interessiert, welche Herausforderungen sie haben und wie dein Event ihnen einen Mehrwert bieten kann.

3. **Verständnis der Zielgruppe vertiefen**: Durch eine Umfrage kannst du herausfinden, welche Themen deine Zielgruppe am meisten interessieren, welche Formate sie bevorzugen (z.B. Workshops, Diskussionsrunden, Webinare) und welche Zeiten für sie am günstigsten sind.

4. **Inhaltliche Ausrichtung schärfen**: Die Ergebnisse der Umfrage helfen dir, die Inhalte deines Events so zu gestalten, dass sie maximalen Wert für deine Teilnehmer bieten. Du kannst Themen priorisieren, die für deine Zielgruppe von besonderem Interesse sind.

5. **Handverlesene Experten auf deiner Bühne**: Lade handverlesene Experten ein, die bereits Erfahrung mit öffentlichen Auftritten haben oder die mit wenig Aufwand auf dieses Niveau gebracht werden können. In unserem Event #CatchUpCall nennen wir das die Königsdisziplin.

6. **Engagement erhöhen**: Indem du deine Zielgruppe in die Eventplanung einbeziehst, förderst du ein Gefühl der Zugehörigkeit und des Engagements. Die Teilnehmer fühlen sich wertgeschätzt und eher motiviert, am Event teilzunehmen und aktiv mitzuwirken.

7. **Format und Ablauf optimieren**: Eine Umfrage kann dir auch Aufschluss darüber geben, wie lange dein Event idealerweise dauern sollte, welche Interaktionsformen (Q&A, Live-Umfragen, Diskussionsforen) bevorzugt werden und wie das ideale Verhältnis zwischen Präsentation und Interaktion aussehen könnte.

8. **Inhalte und Format planen**: Entscheide dich für ein Format, das zu deinem Ziel und deiner Zielgruppe passt. Mögliche Formate auf LinkedIn sind Live-Diskussionen, Webinare, Q&A-Sessions oder interaktive Workshops. Deine Inhalte sollten informativ, relevant und ansprechend sein.

9. **Technische Plattform wählen**: LinkedIn bietet keine eigene Live-Funktion für Videoformate, es wird eine zusätzliche Streaming-Software wie Restream, Streamyard, Vimeo oder Zoom benötigt, um eine höhere Kontrolle und Professionalität zu gewährleisten. Wähle eine Plattform, die stabil ist und die gewünschten Funktionen bietet.
10. **Promotion und Marketing**: Nutze LinkedIn, um dein Event zu bewerben. Poste regelmäßig Updates, erstelle ein ansprechendes Event-Banner und lade deine LinkedIn-Kontakte ein. Denke auch an andere Kanäle wie E-Mail-Newsletter, andere soziale Medien oder Kooperationen mit Influencern und Partnern.
11. **Marketing und Promotion anpassen**: Die Informationen aus der Umfrage können dir helfen, deine Werbestrategien zu verfeinern. Du weißt besser, auf welche Aspekte du in deiner Kommunikation fokussieren solltest, um potenzielle Teilnehmer anzusprechen.
12. **Interaktion und Engagement fördern**: Interaktion ist der Schlüssel zu einem erfolgreichen Online-Event. Plane Elemente ein, die zur Teilnahme anregen, wie Umfragen, Q&A-Sessions oder Gruppendiskussionen. Auch der Chat kann ein lebendiges Element sein, um das Publikum aktiv einzubinden.
13. **Vorbereitung und Probedurchlauf**: Eine gute Vorbereitung ist entscheidend. Mach dich mit der Technik vertraut und führe einen Probedurchlauf durch, um technische Probleme im Voraus zu identifizieren und zu lösen.

14. **Follow-Up nach dem Event**: Nach dem Event ist vor dem Event. Nutze die Gelegenheit, um Feedback zu sammeln, Danke-Nachrichten zu senden und die Beziehung zu deinem Publikum weiter auszubauen. Teile Aufzeichnungen oder Zusammenfassungen des Events und halte das Interesse an deinem Thema wach.

Ein erfolgreiches Online-Event auf LinkedIn zu organisieren, erfordert Zeit, Hingabe und die Bereitschaft, zu lernen und sich anzupassen. Mit einer klaren Strategie und einer gut durchdachten Umsetzung kannst du ein Event schaffen, das nicht nur informiert und unterhält, sondern auch langfristig Wert für deine Zielgruppe schafft.

Handverlesene Experten auf deiner Bühne: Die Königsdisziplin des #CatchUpCalls

Handverlesene Experten auf deiner Bühne: Die Königsdisziplin des #CatchUpCalls

Ein entscheidendes Element, das den #CatchUpCall auszeichnet, ist die sorgfältige Auswahl der Experten, die wir auf unserer Bühne begrüßen. Diese Praxis, die wir als „Königsdisziplin" bezeichnen, ist nicht nur ein Zeichen unserer Qualitätsansprüche, sondern auch ein Bekenntnis zu Exzellenz und Relevanz in den präsentierten Inhalten.

Die Auswahl: Erfahrung trifft auf Potential

Bei der Auswahl der Experten für den #CatchUpCall konzentrieren wir uns auf Personen, die bereits Erfahrung im öffentlichen Sprechen haben oder das Potential besitzen, mit wenig Aufwand dorthin gebracht zu werden. Diese handverlesenen Experten sind Individuen, die nicht nur Wissen und Erfahrung in ihren jeweiligen Fachgebieten mitbringen, sondern auch die Fähigkeit besitzen, dieses Wissen auf eine Art und Weise zu vermitteln, die das Publikum fesselt und inspiriert.

Warum wir auf Erfahrung setzen

Die Entscheidung, erfahrene Sprecher einzuladen, basiert auf unserer Überzeugung, dass ein erfolgreicher Vortrag eine Kombination aus Fachwissen, rhetorischer Kompetenz und der Fähigkeit ist, eine Verbindung zum Publikum herzustellen. Diese Experten haben bewiesen, dass sie komplexe Themen verständlich und ansprechend präsentieren können, was für das Format des #CatchUpCall essentiell ist.

Unterstützung und Vorbereitung

Für jene Experten, die noch am Anfang ihrer öffentlichen Sprechkarriere stehen, bieten wir Unterstützung und Vorbereitung an.

Wir sind überzeugt, dass mit dem richtigen Coaching und der entsprechenden Vorbereitung jeder das Potential hat, auf unserer Bühne zu glänzen. Dieser Prozess ist Teil unserer „Königsdisziplin" – nicht nur Experten zu finden, sondern sie auch in ihrer Entwicklung zu unterstützen.

Die Bedeutung der „Königsdisziplin"

Die „Königsdisziplin" des #CatchUpCall steht für unser Engagement, ein Event von höchster Qualität und Relevanz zu bieten. Sie zeigt unseren Respekt gegenüber dem Publikum, indem wir sicherstellen, dass jede Präsentation informativ, inspirierend und von echtem Wert ist.

Zusammenfassung

Die sorgfältige Auswahl und Vorbereitung unserer Experten ist ein Kernaspekt des #CatchUpCall. Sie reflektiert unseren Anspruch, eine Bühne zu bieten, die nicht nur informiert und unterhält, sondern auch inspiriert und zum Denken anregt. In dieser „Königsdisziplin" sehen wir eine unserer Hauptverantwortungen als Veranstalter und sind stolz darauf, dass sie ein Markenzeichen des #CatchUpCall geworden ist.

Die Herausforderung des Erfolgs: Nachahmung und das Fehlen des Verständnisses für den Kern des #CatchUpCall

Nach dem Erfolg unseres #CatchUpCall-Events waren wir Zeugen eines interessanten Phänomens: Andere begannen, unser Format zu kopieren oder nachzueifern. Dies ist ein häufiges Szenario in der Welt der Innovation – sobald eine neue Idee Erfolg hat, versuchen andere, sie zu replizieren. Das Problem dabei war, dass viele, die versuchten, unser Konzept zu kopieren, nur die sichtbaren Elemente wahrnahmen – die

Anmoderation, die Fünf-Minuten-Präsentationen, den offensichtlichen „Glanz“ des Events.

Was jedoch oft übersehen wurde, war das Wesentliche, das Herzstück des #CatchUpCall, vergleichbar mit der Armatur, die das Wasser vom Wasserwerk zum Hahn leitet. Es ist nicht nur die sichtbare Präsentation und Struktur des Events, die es erfolgreich macht, sondern die sorgfältige Planung, die Strategie und die Leidenschaft, die dahinterstecken.

Unser Event war das Ergebnis intensiver Vorbereitung, tiefgreifender Kenntnisse über unsere Zielgruppe und eine starke Vision für das, was wir erreichen wollten. Es ging darum, eine Plattform zu schaffen, die echtes Engagement und wertvolle Inhalte bietet, unterstützt durch technische Zuverlässigkeit und eine starke Moderation, die das Publikum von Anfang bis Ende mitnimmt. Das alles, gepaart mit einer authentischen Leidenschaft für das Thema und einer echten Verbindung zu den Teilnehmern, machte den #CatchUpCall zu dem, was er ist.

Diejenigen, die versuchten, unser Format zu kopieren, sahen vielleicht den „Wasserhahn“ – die sichtbaren Aspekte des Events – aber verstanden oft nicht die „Armatur“ dahinter. Sie erkannten nicht die Notwendigkeit, eine echte Verbindung zum Publikum aufzubauen, die Bedeutung der Auswahl der richtigen Experten, die Feinheiten der technischen Umsetzung oder die Kunst der effektiven Moderation.

Dies unterstreicht eine wichtige Lektion: Wahre Innovation lässt sich nicht einfach kopieren. Es geht nicht nur darum, was man sieht, sondern um das Verständnis und die Umsetzung dessen, was hinter den Kulissen passiert. Erfolg in solchen Unternehmungen kommt nicht nur durch die Nachahmung dessen, was auf der Oberfläche funktioniert, sondern durch das Verstehen und Meistern der vielen kleinen Details, die zusammenkommen, um ein wirklich außergewöhnliches Erlebnis zu schaffen.

Die Kunst der Monetarisierung von Events

Als Ute und ich den #CatchUpCall ins Leben riefen, waren wir uns von Anfang an bewusst, dass eine Monetarisierung notwendig sein würde, um den Aufwand und die Ressourcen, die in ein solches Event fließen, zu rechtfertigen. Die Herausforderung lag jedoch darin, ein Modell zu finden, das sowohl für die Teilnehmer als auch für die Experten und uns als Organisatoren gerecht und tragfähig ist.

Eine direkte Monetarisierung von den Zuschauern zu fordern, erschien uns schwierig. Wir wollten eine möglichst breite und offene Plattform bieten, die für alle Interessierten zugänglich ist. Eine Bezahlschranke könnte potenzielle Teilnehmer abschrecken und der offenen und inklusiven Atmosphäre des Events entgegenstehen. Zudem war es uns wichtig, dass Wissen und Erfahrungsaustausch im Vordergrund stehen und nicht durch finanzielle Hürden eingeschränkt werden.

Die Lösung sahen wir darin, die Experten in die Monetarisierung einzubeziehen, aber auf eine Art und Weise, die den Wert des Angebots klar macht. Anstatt für die bloße Präsenz auf der Bühne zu zahlen, sollten die Kosten für das „Drumherum" – also das Coaching, die technische Umsetzung, die Promotion, die Nachbereitung und die Bereitstellung einer professionellen Plattform – entstehen. Auf diese Weise könnten die Experten von einer hochwertigen, gut organisierten Veranstaltung profitieren, während sie gleichzeitig zum Gelingen und zur Weiterentwicklung des Formats beitragen.

Eine weitere Überlegung war die Einbeziehung von Sponsoren. Dies könnte eine Win-Win-Situation für alle Beteiligten schaffen: Sponsoren erhalten die Möglichkeit, sich einer engagierten und zielgerichteten Community zu präsentieren, während wir zusätzliche Mittel zur Deckung der Kosten und zur weiteren Verbesserung des Events generieren könnten.

Es wichtig zu betonen, dass ein offener und transparenter Umgang mit der Monetarisierung des Events von größter Bedeutung ist. Dieses Thema kann vielschichtige Meinungen und Reaktionen hervorrufen, insbesondere bei potenziellen Experten für unseren #CatchUpCall.

Wir stießen auf unterschiedliche Reaktionen. Einige Experten verstanden und schätzten unser Finanzierungsmodell, während andere kritisch reagierten. In einigen Fällen wurden wir sogar für unsere Entscheidung, eine Gebühr für die Teilnahme am Event zu verlangen, kritisiert und böse beschimpft. Die Kritiker sahen oft nicht den umfangreichen Aufwand und die Ressourcen, die notwendig waren, um ein Event dieser Qualität zu organisieren und durchzuführen.

Interessant war, dass auf die Frage, ob diese Kritiker selbst unentgeltlich arbeiten würden, oft keine Antwort folgte. Dies deutet darauf hin, dass die Kritik teilweise aus einem Mangel an Verständnis für die Komplexität und die Kosten der Eventorganisation entstand. Es ist ein weit verbreiteter Irrtum, dass Online-Events aufgrund ihrer digitalen Natur wenig bis keine Kosten verursachen.

Die Herausforderung für uns bestand darin, ein Gleichgewicht zwischen notwendiger Transparenz und Verständnis für unsere Entscheidungen zu finden. Wir legten großen Wert darauf, unsere Beweggründe und die Struktur der Event-Finanzierung offen und ehrlich zu kommunizieren. Gleichzeitig war es wichtig, ein offenes Ohr für Feedback zu haben und konstruktiv auf Kritik zu reagieren.

Die Kunst der Monetarisierung von Events liegt somit in der Schaffung eines Gleichgewichts: Einerseits soll der Zugang so offen und inklusiv wie möglich gestaltet werden; andererseits müssen die organisatorischen und technischen Aufwände gerechtfertigt und gedeckt sein. Durch das Einbeziehen der Experten in ein faires Finanzierungsmodell und das Öffnen von Türen für Sponsoring-Partnerschaften, konnten wir eine nachhaltige und gerechte Lösung für die Monetarisierung des #CatchUpCall finden.

Pleiten, Pech und Pannen: Umgang mit Herausforderungen

Pleiten, Pech und Pannen: Umgang mit Herausforderungen

Im Laufe unserer #CatchUpCall-Veranstaltungen stießen wir auf eine Reihe unvorhergesehener Herausforderungen, die uns zwangen, schnell und kreativ zu reagieren. Diese Erfahrungen lehrten uns wertvolle Lektionen über Flexibilität, Improvisation und die Kraft der Gemeinschaft.

Eine besonders herausfordernde Situation erlebten wir bei einem Event, für das sich über 600 Personen angemeldet hatten. Am Tag des Events konnten wir nicht live gehen, da LinkedIn, ohne Vorankündigung, die API-Schnittstelle geändert hatte. Alle Events, die vor dieser Änderung erstellt worden waren, funktionierten nicht mehr. Diese Information erreichte uns erst im Nachhinein. Am Tag selbst herrschte eine Mischung aus Panik und Verzweiflung hinter den Kulissen. Ute und ich mussten schnell eine Lösung finden. Wir beschlossen, einen spontanen Live-Event zu starten, auch wenn dies bedeutete, dass die angemeldeten Teilnehmer keine automatische Benachrichtigung erhalten würden.

Ich sendete Ute ein gekürztes Intro, und sie startete das Event um 7:57 Uhr statt um 7:55 Uhr. Währenddessen postete sie schnell eine Ankündigung, und ich füllte die Kommentare im alten Event mit den neuen Zugangsdaten. Trotz der Umstände wurde das Event dank unseres beherzten Handelns ein voller Erfolg mit zahlreichen Zuschauern.

Ein anderes Mal erlebten wir einen Serverausfall von Microsoft, der mitten in einem unserer erfolgreichsten LinkedIn-Events zu erheblichen Störungen führte. Die Übertragung stockte plötzlich, und viele dachten, dies sei auf die hohe Zuschauerzahl zurückzuführen.

Auch hier handelten wir professionell und leiteten die Zuschauer zu YouTube um, wo das Event fortgesetzt wurde. Trotz der Herausforderungen war das Event ein großer Erfolg.

Eine weitere Anekdote stammt von einem Experten, der in Kapstadt in einem Openspace teilnahm und plötzlich nur noch über eine sehr langsame Internetverbindung verfügte. In einem Wettlauf gegen die Zeit fand er einen WiFi-Spot in seiner Wohnung und schaffte es gerade rechtzeitig, online zu gehen. Niemand bemerkte etwas von seinem Abenteuer, bis er es später bei der Aftershow-Party erzählte, was für große Heiterkeit sorgte.

Wir hatten auch Fälle, in denen mitten in einem Vortrag die Kamera ausfiel. Unsere Experten reagierten souverän, wie wir es im Vorfeld besprochen hatten, und setzten ihre Reden fort. Interessanterweise verlieh der Kameraausfall den Reden eine unerwartete Tiefe und Intensität. In einigen Fällen nutzten wir später einen schwarzen Bildschirm als stilistisches Mittel, um die Reden noch spannender zu gestalten, insbesondere wenn es um Experten ging, die im Hintergrund arbeiten.

Diese Erlebnisse zeigten uns, dass Störungen, Fehler und Probleme tatsächlich Gold wert sein können. Es kommt immer darauf an, was man daraus macht. Jede Herausforderung brachte uns als Team näher zusammen und stärkte unsere Fähigkeit, unter Druck kreativ und flexibel zu bleiben. In der Welt der Online-Events ist es unerlässlich, sich schnell anpassen zu können und stets bereit zu sein, das Unvorhersehbare zu meistern.

Der Technikcheck:
Unser unverzichtbares Qualitätsversprechen

Der Technikcheck: Unser unverzichtbares Qualitätsversprechen

In der Welt der Online-Events ist die Technik das Rückgrat jeder erfolgreichen Veranstaltung. Ute und ich bestehen darauf, dass jeder Experte vor dem #CatchUpCall an einem Technikcheck teilnimmt – eine Investition von nur fünf Minuten, die jedoch entscheidend für den reibungslosen Ablauf und die Qualität des Events ist. Dieser Check dient nicht nur dazu, technische Probleme im Vorfeld zu identifizieren und zu lösen, sondern auch, um sicherzustellen, dass Licht, Bild und Ton optimal sind.

Die Bedeutung des Technikchecks kann nicht hoch genug eingeschätzt werden. Selbst die fesselndsten Inhalte können durch technische Mängel beeinträchtigt werden. Ein schlecht beleuchteter Sprecher, eine unscharfe Kamera oder schlechte Tonqualität können die Wirkung einer Präsentation erheblich mindern und die Aufmerksamkeit des Publikums beeinträchtigen. Daher legen wir großen Wert darauf, dass jeder Experte die technischen Aspekte ernst nimmt und entsprechend vorbereitet ist.

Während des Technikchecks führen wir jeden Experten durch einen Prozess, um die Qualität von Bild und Ton zu prüfen. Wir geben Ratschläge zur optimalen Beleuchtung, Kamerapositionierung und zum Einsatz von Mikrofonen. Es ist faszinierend zu sehen, wie viele Experten diesen Prozess als Anlass nehmen, in besseres Equipment zu investieren. Viele beschaffen sich für das Event neue Mikrofone, Kameras oder Lichtquellen, was nicht nur für unseren #CatchUpCall, sondern auch für ihre zukünftigen Online-Präsenzen von Vorteil ist.

Der Technikcheck ist auch eine Gelegenheit, die Experten mit der verwendeten Streaming-Plattform vertraut zu machen.

Wir stellen sicher, dass jeder mit den Funktionen und Möglichkeiten der Software, wie dem Wechseln zwischen verschiedenen Ansichten oder dem Einbinden von Präsentationen, vertraut ist. Dies trägt dazu bei, dass sich die Experten während ihres Auftritts sicher und wohl fühlen.

Letztendlich dient der Technikcheck dazu, die Qualität des gesamten Events zu heben. Indem wir jeden Experten unterstützen und anleiten, stellen wir sicher, dass jeder einzelne Beitrag professionell und überzeugend ist. Dies steigert nicht nur die Gesamtwirkung des Events, sondern gibt auch den Experten das Vertrauen, ihre Botschaften klar und effektiv zu vermitteln. So wird der #CatchUpCall zu einem Ereignis, das sowohl für die Zuschauer als auch für die Experten gleichermaßen bereichernd ist.

Aus diesem Grund ist der Technikcheck für uns keine Option, sondern eine unumstößliche Pflicht. Wir sind fest davon überzeugt, dass jeder Experte, der auf unserer virtuellen Bühne steht, die bestmögliche technische Unterstützung verdient und benötigt. Dieser Grundsatz hat sich als unerlässlich erwiesen, um den hohen Standard und die Professionalität des #CatchUpCalls aufrechtzuerhalten. Niemand kommt ohne diesen entscheidenden Technikcheck auf unsere Bühne, denn wir wissen, dass selbst kleinste technische Details einen großen Unterschied machen können. Es geht nicht nur darum, ein Event zu veranstalten, sondern ein außergewöhnliches Erlebnis zu schaffen, das sowohl für die Experten als auch für das Publikum in Erinnerung bleibt.

Der Live Event:
Interaktion und Engagement im Chat

Der Live Event: Interaktion und Engagement im Chat

Einer der Schlüsselaspekte, der den #CatchUpCall von anderen Online-Events unterscheidet, ist das hohe Maß an Interaktion und Engagement im Chat. Während des Live-Events wird der Chat nicht nur zu einem Raum für Zuschauerfeedback, sondern auch zu einem integralen Bestandteil des gesamten Erlebnisses.

1. **Schaffung einer interaktiven Gemeinschaft**: Der Chat ermöglicht es den Zuschauern, in Echtzeit zu reagieren, Fragen zu stellen und Kommentare abzugeben. Dies schafft ein Gefühl der Gemeinschaft und Zugehörigkeit, da sich die Teilnehmer aktiv beteiligt und gehört fühlen. Es entsteht eine dynamische Atmosphäre, die über das bloße Zuhören hinausgeht.

2. **Steigerung des Engagements**: Durch die aktive Beteiligung im Chat wird das Engagement des Publikums deutlich gesteigert. Zuschauer, die sich beteiligen, sind eher geneigt, die gesamte Veranstaltung zu verfolgen und sich an die präsentierten Inhalten zu erinnern. Dies führt zu einer tieferen und nachhaltigeren Erfahrung.

3. **Direktes Feedback und Interaktion mit Experten**: Der Chat eröffnet eine direkte Kommunikationslinie zwischen den Experten und dem Publikum. Fragen können in Echtzeit gestellt und beantwortet werden, was den Experten wertvolle Einblicke in die Interessen und Bedürfnisse ihres Publikums gibt. Diese unmittelbare Rückmeldung ist für die Referenten ungemein wertvoll.

4. **Moderation des Chats**: Eine gut moderierte Chat-Umgebung ist entscheidend. Ute und ich achten darauf, den Chat aktiv zu moderieren, um eine positive und respektvolle Diskussion zu fördern. Wir greifen interessante Fragen und Kommentare auf und leiten sie an die Experten weiter, um die Diskussion anzuregen und zu vertiefen.

5. **Integration des Chats in die Präsentation**: Wir ermutigen unsere Experten, den Chat zu nutzen, indem sie beispielsweise auf Kommentare eingehen oder Fragen direkt nach ihrer Redezeit beantworten. Dies erhöht die Interaktivität und macht die Präsentationen sofort im Nachgang noch lebendiger und persönlicher.

6. **Nachverfolgung und Analyse**: Nach dem Event analysieren wir den Chat, um wertvolle Einblicke zu gewinnen. Diese Analyse hilft uns zu verstehen, welche Themen besonders gut ankamen, und liefert Ideen für zukünftige Veranstaltungen.

Der Chat ist somit nicht nur ein Kommunikationsmittel, sondern ein wesentlicher Bestandteil des #CatchUpCalls, der das Erlebnis für alle Beteiligten bereichert. Durch die Förderung einer aktiven und engagierten Chat-Teilnahme schaffen wir eine Atmosphäre, die das Online-Event zu einem interaktiven und erinnerungswürdigen Erlebnis macht.

Technisches Know-How: Sicherheit beginnt bei der Basis

Technisches Know-How: Sicherheit beginnt bei der Basis

Von den Dächern dieser Welt: Mit Sicherheit ganz oben!

von Denny Funk – Absturzsicherung.team

In der Welt der Absturzsicherung ist ein Name besonders hervorzuheben: Denny Funk. Er steht für Vertrauen, Innovationsgeist und fundierte Expertise. Als gefeierter Spezialist auf seinem Gebiet und enthusiastischer Netzwerker auf LinkedIn, hat er es sich zur Lebensaufgabe gemacht, Arbeiten in schwindelerregenden Höhen sicher zu gestalten. Dieses Kapitel ist Denny Funk gewidmet, einem Mann, der es sich zur Mission gemacht hat, zu verhindern, dass die Arbeit auf den Dächern zu einem gefährlichen Drahtseilakt wird. Durch sein umfassendes Wissen über Seilsicherungssysteme, Schutzgeländer und Auffangsysteme garantiert Denny Funk, dass Arbeiten in jeder Höhe mit maximaler Sicherheit und Effizienz durchgeführt werden. Lassen Sie uns eintauchen in die faszinierende Welt der Absturzsicherung, wo Sicherheit an erster Stelle steht und Vernetzung eine wesentliche Rolle spielt.

„Ich wollte schon immer hoch hinaus, doch bekanntlich ist die Luft dort oben dünner und man kann tief fallen.“ Diese Erkenntnis wurde mir nicht nur beim Klettern in meiner Jugend bewusst, sondern auch in meiner beruflichen Laufbahn, die mich stets näher zum Himmel geführt hat.

Seit meiner frühesten Erinnerung hat mich der weite Himmel niemals eingeschüchtert; er war vielmehr eine Herausforderung, die es zu meistern galt. **Die Faszination für luftige Höhen** wurde zum treibenden Faktor auf meinem Weg, der mich zum Techniker und Meister machte. In dieser Zeit begriff ich tiefgreifend die unzertrenn-

liche Verbindung zwischen dem kühnen Bau von Fassaden, die den Himmel zu berühren schienen, und der **essentiellen Notwendigkeit der Absturzsicherung.**

Obwohl ich ursprünglich anders orientiert war und meine Talente im Vertrieb einsetzte, wo ich wertvolle Jahre verbrachte und den Weg für spätere Partnerschaften ebnete, führte mich das Schicksal immer wieder zurück zur Absturzsicherung. Es war, als ob jede Fassade, die ich konstruierte, und jeder Kundenhandshake im Vertrieb ein Mosaikstein auf dem Weg zu meiner wahren Berufung waren – **Menschen vor dem Fall zu schützen und ihre Sicherheit in den Vordergrund zu stellen.** In dieser Zeit wurde der Grundstein für meine erste Firma mit einem Geschäftspartner gelegt.

Mit dem Herzen eines Handwerkers und dem Scharfsinn eines Unternehmers gründeten wir gemeinsam eine Dachdeckerei, die weit über das Alltägliche hinausging – sie wurde zu einem Lehrmeister des Lebens und der unabdingbaren Sicherheit in den Höhen, die wir täglich bezwangen. Die Arbeit auf Dächern überall auf der Welt lehrte uns eines: **Sicherheit ist keine Verhandlungssache.** In dieser Branche wurde mir klar, dass Absturzsicherung mehr als nur ein Interessengebiet ist – es ist meine Berufung. Hier, auf den Dächern, offenbarte sich mein wahres Potenzial – in der **Spezialisierung auf die Sicherheit in der Höhe**.

Unsere Tätigkeit in der Dachdeckerei lieferte mir unverzichtbare Erkenntnisse über die Bedeutung einer verlässlichen Absturzsicherung. Jeder Auftrag, der den Einbau von Sicherheitssystemen erforderte, festigte meinen Entschluss, diesen kritischen Service zu perfektionieren. Es wurde zu **meiner Mission, den stillen Helden des Alltags – den Arbeitern auf den Dächern – ein sicheres Arbeitsumfeld zu gewährleisten**. Mit dem **Absturzsicherung.team** habe ich ein Unternehmen aufgebaut, das mehr als nur Sicherheitssysteme installiert; wir erschaffen eine Umgebung, in der Arbeiter **geschützt sind und ihre Familien beruhigt sein können.**

Unsere Arbeit erfordert **Präzision und Sorgfalt**, ein Umstand, dem wir uns mit jedem Projekt aufs Neue stellen. Jedes **Seilsicherungssystem**, jedes **Schutzgeländer**, jedes **Auffangsystem**, das wir installieren, ist ein Zeugnis unseres unerschütterlichen Engagements für **Sicherheit und Qualität**. Mit maßgeschneiderten Sicherheitslösungen, die sowohl wirtschaftlich als auch ästhetisch ansprechend sind, setzen wir neue Maßstäbe in der Absturzsicherung. Die Zufriedenheit und das **Wohlgefühl unserer Kunden** sind unser größter Antrieb. Regelmäßige Wartungen und genaueste Inspektionen sind für uns nicht nur Pflicht, sondern unsere Verpflichtung gegenüber jenen, die uns ihr Vertrauen schenken. In jeder Absturzsicherung, die wir aufbauen, und in jeder Schraube, die wir drehen, liegt **unser Versprechen: Sicherheit, die Menschenleben schützt und Familien unbesorgt schlafen lässt.**

Aber das **Absturzsicherung.team** ist mehr als nur ein Dienstleister. Wir sind ein fester Bestandteil der **Gemeinschaft**, die wir bedienen, eingebunden in das lebenswichtige Netzwerk aus **Sicherheit und Unterstützung**. Unsere tägliche Präsenz auf Baustellen, unsere umfassenden Schulungen und die individuelle Beratung unserer Kunden verwandeln uns in eine Säule dieses Netzwerks. In einem Umfeld, in dem jeder Fehler schwerwiegende Folgen haben kann, gibt es keinen Raum für Kompromisse. Mit der Zeit wuchs die Einsicht, dass **meine Vision einer sicheren Arbeitswelt** eine breitere Gemeinschaft und Vernetzung erfordert.

Auf der Suche nach einem Weg, dieses Netzwerk zu stärken, entdeckte ich **LinkedIn**. Die Plattform öffnete ein Fenster zu einer Welt voller unerschlossener Möglichkeiten. LinkedIn wurde schnell mehr als nur eine Social-Media-Plattform für mich; es wurde zum Schaufenster meines Wissens, zu einem Treffpunkt für Gleichgesinnte und zu einem Katalysator für Geschäftsbeziehungen. Diese digitale Vernetzung hat sich als unentbehrlich erwiesen, um das Wachstum meines Unternehmens zu fördern und unseren Einsatz für Sicherheit und Qualität in den Vordergrund zu rücken. LinkedIn ist zu einem mächtigen Verbündeten geworden, ein Werkzeug, das Handwerkern wie uns hilft, unsere lebensrettende Botschaft weit über den Horizont unserer Baustellen hinauszutragen.

Am Ende jedes Tages, wenn ich den Sonnenuntergang von einem frisch gesicherten Dach aus beobachte, weiß ich, dass **meine Arbeit mehr als nur ein Beruf ist. Sie ist eine Leidenschaft, die Leben schützt und Familien zusammenhält.** Im **Absturzsicherung.team** habe ich nicht nur Kollegen gefunden, sondern eine Familie, die dieselbe Vision teilt: eine Welt, in der jeder Arbeiter, der in die Höhe steigt, **sicher wieder herunter und nach Hause** kommt.

Das ist es, was uns antreibt, was uns zusammenhält und was uns motiviert, jeden Tag unser Bestes zu geben.

Denny Funk

Der Experte für Absturzsicherung und leidenschaftlicher Netzwerker

Denny Funk ist ein herausragender Experte im Bereich der Absturzsicherung. Mit über einem Jahrzehnt Erfahrung in diesem Feld verfügt er über umfassende Qualifikationen und Kenntnisse, die ihn zu einem gefragten Spezialisten machen.

Als LinkedIn Netzwerker ist Denny Funk der Experte, der durch sein Wissen Menschen zusammenbringt und mit Engagement für die Sicherheit am Arbeitsplatz herausragt. Seine Fähigkeiten und Qualifikationen haben dazu beigetragen, Leben zu retten und Arbeitsunfälle zu verhindern, und er bleibt bestrebt, die höchsten Standards in der Absturzsicherung aufrechtzuerhalten.

LinkedIn: https://www.linkedin.com/in/absturzsicherung/

Web: https://absturzsicherung.team

Email: info@absturzsicherung.team

Kommunikationsmeisterwerk: Die Kunst des Ausdrucks

Die Rede:
Business in 5 Minuten zusammenfassen

Wenn du beim #CatchUpCall dabei bist, steht dir eine aufregende Herausforderung bevor: Du hast die einzigartige Gelegenheit, dein Business und deine Ideen in nur 5 Minuten zu präsentieren. Um dich optimal darauf vorzubereiten, bieten wir dir in unseren Vorbereitungsgesprächen, oft über Zoom, wertvolle Hilfestellungen an. Ein zentraler Punkt dabei ist die Nutzung der Heldenreise, die deiner Rede Struktur und Tiefe verleiht.

So nutzt du die Heldenreise in deinem Business-Vortrag:

1. **Der Ruf des Abenteuers**: Starte mit dem Kernproblem oder der Herausforderung in deinem Geschäftsfeld.
2. **Die Abreise**: Erzähle von deinem Entschluss, dieses Problem anzugehen – dem Beginn deiner Reise.
3. **Die Initiation**: Zeige auf, welche Hindernisse du überwunden hast und wie du dabei gewachsen bist.
4. **Die Konfrontation**: Stelle deine Lösung vor und wie sie das Problem effektiv bekämpft.
5. **Die Rückkehr**: Berichte, wie deine Lösung das Problem verändert hat und welchen Mehrwert sie bietet.

Für deine 5-Minuten-Präsentation beachte Folgendes:

- **Eine klare Einleitung**: Stelle dich und dein Unternehmen kurz vor und umreiße dein Thema.
- **Problem und Herausforderung**: Beschreibe prägnant das Problem, das du lösen möchtest.

- **Deine Lösung**: Präsentiere deine Lösung kurz und klar.
- **Der Nutzen**: Zeige auf, welchen Mehrwert deine Lösung bringt.
- **Ein starker Abschluss**: Beende deine Rede mit einer klaren Handlungsaufforderung oder Zusammenfassung.
- **Weniger ist mehr**: Wenn Du nur 5 Minuten Zeit hast, dann streiche alles, was unnötig ist weg, Füllwörter, Lieblingssätze etc. im Rahmen von agilen Techniken nennt man diesen Prozess „Killing your Darling".

Techniken für eine wirkungsvolle Rede:

- **Einwort-Taktik**: Strukturiere deine Gedanken und rede flüssig, indem du Schlüsselwörter einsetzt.
- **Bild-Taktik**: Nutze bildhafte Sprache, um deine Botschaft anschaulich zu machen und beim Publikum lebendige Bilder zu erzeugen.
- **5 Post-it-Taktik**: Plan deine Rede mit fünf Schlüsselpunkten, die du auf Post-its notierst, um Struktur und Fokus zu gewährleisten.

Bei uns im #CatchUpCall wird jede Rede sorgfältig anmoderiert. Das bedeutet für dich, dass du perfekt eingeführt wirst und die Zuschauer schon gespannt auf deine Präsentation warten. Wir legen Wert darauf, dass deine Präsentation informativ und überzeugend ist, ohne zu verkaufsorientiert zu wirken. Mit dieser gründlichen Vorbereitung sorgst du dafür, dass deine Präsentation nicht nur informativ, sondern auch inspirierend ist und echten Mehrwert für dein Publikum bietet.

Das Spotlight effektiv nutzen: Wie eine starke Anmoderation Expertenstatus schafft

Das Spotlight effektiv nutzen: Wie eine starke Anmoderation Expertenstatus schafft

Eine effektive Anmoderation ist wie das Rampenlicht, das sich auf eine Bühnendarstellerin oder einen Bühnendarsteller richtet. Sie setzt den Experten ins richtige Licht und schafft eine Erwartungshaltung beim Publikum. Ute hat die besondere Gabe, mit Herz und Verstand individuelle Anmoderationen zu schreiben, die genau das bewirken. Ihre akribische Vorbereitung und das Einfühlungsvermögen in jeden einzelnen Experten spiegeln sich in jeder Anmoderation wider.

Manchmal entstehen diese prägnanten, 20 bis 25 Sekunden langen Anmoderationen erst kurz vor dem Eventbeginn, was durchaus für Nervenkitzel sorgt. Doch der hohe Anspruch und die Sorgfalt, die Ute in jede Einleitung legt, sind es, die den #CatchUpCall so besonders machen. Jede Anmoderation wird maßgeschneidert, um die Einzigartigkeit und den Expertenstatus des Sprechers hervorzuheben.

Warum ist eine starke Anmoderation so wichtig?

1. **Expertenstatus betonen**: Durch die professionelle Anmoderation wird der Experte als Autorität in seinem Fachgebiet präsentiert. Dies stärkt sein Ansehen beim Publikum, noch bevor er das erste Wort spricht.

2. **Neugier wecken**: Eine gut formulierte Anmoderation weckt die Neugier und das Interesse des Publikums. Sie gibt einen Vorgeschmack darauf, was die Zuschauer erwartet und macht sie aufmerksam auf das, was der Experte zu sagen hat.

3. **Persönliche Verbindung herstellen**: Utes Anmoderationen schaffen eine persönliche Verbindung zwischen dem Experten und dem Publikum. Indem sie interessante oder berührende Details über den Experten teilt, schafft sie eine emotionale Nähe.
4. **Den Ton angeben**: Die Anmoderation setzt den Ton für die Präsentation. Sie kann motivierend, inspirierend oder informativ sein und so die Erwartungshaltung des Publikums steuern.
5. **Professionelles Format unterstreichen**: Eine sorgfältige Anmoderation unterstreicht die Professionalität des gesamten Events. Sie zeigt, dass hier jedes Detail bedacht und jeder Beitrag wertgeschätzt wird.

Für die Experten selbst bedeutet dies, dass sie sich nicht selbst vorstellen müssen, was oft als Herausforderung empfunden wird. Stattdessen können sie sich voll und ganz auf ihre Präsentation konzentrieren, während Ute die Aufgabe übernimmt, sie angemessen einzuführen und ihnen die Bühne zu bereiten.

In jedem #CatchUpCall wird durch diese sorgfältige und herzliche Anmoderation ein Raum geschaffen, in dem Experten glänzen können. Sie ist der Schlüssel, der das Spotlight effektiv nutzt und den Expertenstatus jedes Teilnehmers hervorhebt.

Überwindung von Lampenfieber

Das Phänomen des Lampenfiebers ist auch in der Welt der Online-Events eine beständige Realität. Ute und ich erleben es selbst vor jedem #CatchUpCall – dieses Kribbeln, die Anspannung, die Erwartung. Es ist ein Zeichen dafür, dass uns das, was wir tun, wichtig ist und wir unser Bestes geben wollen. Auch unsere Experten spüren diese Anspannung, unabhängig davon, wie routiniert sie erscheinen mögen. Dieses Lampenfieber ist ein natürlicher Teil der Erfahrung und kann sogar zu einer leistungsfördernden Energie umgewandelt werden.

Was ist Lampenfieber? Lampenfieber ist im Grunde eine Form von Auftrittsangst. Es ist die nervöse Energie und Anspannung, die man vor einer Präsentation oder Performance verspürt. Physiologisch gesehen ist es eine Reaktion des Körpers auf Stress, die sich in Symptomen wie einem schnelleren Herzschlag, leichtem Zittern oder einem trockenen Mund äußern kann.

Wie kann Lampenfieber überwunden werden?

1. **Anerkennen und Akzeptieren**: Das erste und wichtigste ist, Lampenfieber als normalen Teil der Erfahrung anzuerkennen. Es ist ein Zeichen dafür, dass dir dein Auftritt wichtig ist.

2. **Vorbereitung**: Eine gründliche Vorbereitung kann Wunder wirken. Wenn du deine Rede oder Präsentation gut kennst, reduziert das die Angst vor dem Unbekannten und gibt dir ein Gefühl von Sicherheit.

3. **Atmungstechniken**: Tiefes, bewusstes Atmen kann helfen, die Nervosität zu reduzieren. Atemübungen vor dem Auftritt können beruhigend wirken und den Fokus schärfen.

4. **Visualisierung**: Stell dir vor, wie du erfolgreich deine Präsentation hältst. Positive Visualisierung kann das Selbstvertrauen stärken und die Angst mindern.

5. **Kleine Rituale**: Manche Menschen finden es hilfreich, bestimmte Rituale vor einem Auftritt zu praktizieren, wie das Hören eines bestimmten Liedes oder das Tragen eines Glücksbringers.

6. **Perspektive wechseln**: Versuche, das Lampenfieber als positive Energie zu betrachten, die dir dabei helfen kann, lebendiger und energischer aufzutreten.

7. **Sich mit anderen austauschen**: Oft hilft es, sich mit Mitstreitern auszutauschen. Das Wissen, dass andere ähnliche Gefühle haben, kann beruhigend wirken.

Für Ute und mich ist es jedes Mal aufs Neue eine Herausforderung, unser eigenes Lampenfieber zu meistern. Wir nutzen diese Energie, um uns zu konzentrieren und uns auf die bevorstehende Aufgabe zu fokussieren. Auch unterstützen wir unsere Experten dabei, ihr Lampenfieber zu überwinden und ihre Nervosität in eine kraftvolle Präsentation umzuwandeln.

Lampenfieber ist also nichts, das vermieden oder gefürchtet werden muss. Es ist vielmehr ein Teil des Prozesses und kann, wenn es richtig genutzt wird, zu einem Verbündeten werden, der die Qualität und Intensität einer Präsentation erhöht.

Die Macht der Stimme ist der Schlüssel zum Erfolg

von Claudia Conen

Achtung:

Wie du dich blitzschnell im Kundengehirn speicherst!

In diesem Kapitel erfährst du die Geheimnisse, mit denen du blitzschnell die Aufmerksamkeit deiner Zuhörer gewinnen kannst und mit Leichtigkeit Vertrauen aufbaust.

Gewinnbringend reden ist Gold wert! Das Beste ist: Dir steht eines der brillantesten Marketinginstrumente kostenlos zur Verfügung und du kannst es sofort nutzen! Circa 84 Millionen Menschen in unserem Land besitzen es, setzen es aber nicht professionell ein. Im Gegenteil: Die meisten Personen haben sogar Angst, öffentlich damit in Erscheinung zu treten.

„Worte sind die mächtigste Droge, die die Menschheit benutzt."
(Joseph Rudyard Kipling)

Nutze deine unsichtbare Brücke in den Menschen hinein.

Niemand kann sich gegen das gesprochene Wort wehren. Sobald deine Worte deinen Mund verlassen, dringen diese unaufhaltsam in die Ohren deiner Zuhörer hinein. Deine Emotionen schwingen über deine Stimme mit. Wo auch immer du redest: Ob du mit deinem Telefon auf der anderen Seite der Welt anrufst – deine Stimme erklingt. Wo auch immer du Zuhörer bist: in einem Podcast, auf Instagram, im Radio, im Fernsehen oder irgendwo im Internet – sogar jetzt in diesem Raum, in dem du dich gerade aufhältst. Niemand kann seine Ohren verschließen. Du speicherst dich blitzschnell auf der Gehirnfestplatte deiner Zuhörer und erweckst Emotionen, noch bevor deine Worte einen Sinn ergeben. Der Mensch entwickelt unweigerlich eine Emotion zu dir, weil du mit deiner Stimme, deinen Worten, deiner hörbaren akustischen Visitenkarte Vertrauen aufbaust. Jetzt frage dich selbst: Wie willst du dich auf der Gehirnfestplatte eines Zuhörers speichern? Wie möchtest du dich anfühlen? Wie ein Virus, den man schnell wieder loswerden will, oder wie ein wertvolles Programm, mit dem man gerne zusammenarbeitet?

„Stimme dringt zum Logenplatz im Kundengehirn vor."
(Dr. Hans Eicher)

Die künstliche Intelligenz übernimmt mittlerweile circa 42% der geschriebenen Worte. Die Menschlichkeit wird niemals durch die künstliche Intelligenz ersetzt (hoffe ich).

Das gesprochene Wort bekommt jetzt wieder mehr Gewicht, weil wir menschliche soziale Wesen sind und im Unterbewusstsein überwiegend den sozialen menschlichen Kontakt suchen.

„Die Stimme ist Spiegel der Seele."
(Prof. Dr. Walter F. Sendlmeier)

Wie wirkt das schönste Wort mit der falschen Betonung?

Worte entscheiden über Krieg und Frieden, Liebe, Harmonie und Wohlgefühl. Worte können motivieren, faszinieren, betören, begeistern und innerlich zerstören. Worte können über Erfolg und Misserfolg entscheiden. Eine Rede kann gebannte Zuhörer und gähnende Gesichter hervorlocken. Die Stimme und die Worte besitzen fast grenzenlose Möglichkeiten.

Du besitzt diese Macht, entdecke und entwickle deine Möglichkeiten.

Es ist mein innigster Wunsch, deine Aufmerksamkeit zu schärfen, weil deine Stimme einzigartig ist.

Stell dir für einen Moment vor, dein Telefon würde klingeln. Im Display würdest du nicht den Namen oder das Foto des Anrufers sehen. Die Stimme erklingt und sagt nur „Hallo". Wie viele Menschen könntest du jetzt an der Stimme erkennen, ohne lange nachzudenken? Deinen Vater, deine Mutter, deine Tochter, deinen Sohn, den Nachbarn, den Chef, die Vorzimmerdame, den Kumpel? Wie viele Kunden? Sportfreunde, Partner, Friseur, Arbeitskollege? Vertraue mir, es sind noch viel, viel mehr. Lausche in dich hinein: Erinnerst du dich an die Stimme von Angela Merkel, Tina Turner, Michael Jackson, Olaf Scholz? Sie alle haben sich in deinem Gehirn gespeichert. Dazu kommen noch unzählige Schauspieler, Moderatoren, Lieblingssänger und Synchronsprecher.

„So redest du dich zum Erfolg."

Über 32 Jahre hat der Werbeslogan von Claus Hipp funktioniert. Er sagte: „Dafür stehe ich mit meinem Namen." Die Menschen vertrauten ihm und haben die Babys mit seiner Nahrung gefüttert. Dieser Mann hat mit seiner akustischen Visitenkarte enorme Umsätze generiert, die bis heute einen bleibenden Eindruck hinterlassen.

„Worte können wirken wie ein Medikament – auch mit Nebenwirkungen." *(Dr. Hans Eicher)*

Gib deinem Business, deiner Botschaft einen Charakter, eine Voice Brand. Der Begriff bezeichnet die Kommunikation zwischen Marke und gewählter Zielgruppe. Deine Persönlichkeit und dein Charakter werden hörbar Wirkung erzielen, durch gezieltes, klares, selbstbewusstes Kommunizieren. Werde dir bewusst, welche Emotionen du in deinen Zuhörern wecken möchtest.

Bedenke: Die Stimme ist dein Verräter. Stehe hinter deinen Worten. Sei wertschätzend deinem Zuhörer gegenüber.

Was ist die Brand Voice und warum ist sie wichtig?

Die Brand Voice gilt im Marketing als Ausdruck für die definierte und individuelle Identität und Persönlichkeit einer Marke. Im Deutschen wird ebenfalls der Begriff „Markenstimme" eingesetzt. Die Brand Voice ist die konsistente und beständige Identität einer Marke. Werde zur hörbar authentischen Marke mit jedem Wort, weil du authentisch bist.

Perfektion gibt es nicht.

Deine Worte sind dein zweites Gesicht.

Viele Führungskräfte, Speaker, Coaches, Trainer und Dienstleister haben ein faszinierendes Produkt, doch in der Businesskommunikation gehen sie förmlich unter. Darum habe ich es mir zur Berufung gemacht, eine ausdrucksstarke Stimme mit den Menschen zu entfalten. Zuhörer lieben Lebendigkeit. Es geht um die besondere Botschaft, wo der Mensch dahintersteht, glaubwürdig, stimmig gesprochen, charismatisch.

„Der Mut zur Selbsterkenntnis verrät Charakterstärke." (*Ernst Ferstl)*

Du bekommst eine genaue Schritt-für-Schritt-Anleitung für deine Wirkungskraft.

Tipp Box:

- Sei clever und nutze meinen Gratiskurs als deinen Erfolgs-Booster.

- Entwickle deine Umsatzstimme.
- Erhalte dein Workbook für mehr Wirkungskraft.
- Entdecke deine Wirkungskraft – lerne deine hörbare Persönlichkeit kennen.
- Trainiere mit WhatsApp-Mentoring – deinem ständigen Begleiter.
- Erhalte deine 90-Minuten-Einladung zum Gratiswebinar „Gewinnbringend Reden".

„Wenn die Menschen dich mögen, werden sie dir zuhören, aber wenn sie dir vertrauen, werden sie mit dir Geschäfte machen." *(Zig Ziglar)*

Denke daran: Deine Stimme ist einzigartig, und wenn du deine Stimme magst, sie trainierst und kennenlernst, machst du es deinem Gegenüber leichter, sie zu mögen oder zu lieben und ihr zu folgen.

„Es muss von Herzen kommen, was auf Herzen wirken soll." (Johann Wolfgang von Goethe)

Es gibt Worte, Stimmen, Erlebnisse und Menschen, die uns ein Leben lang beeinflussen und im Gehirn gespeichert bleiben. Die uns geprägt haben, als wären wir Marionetten. Und durch meine Lebensgeschichte ist mir klar geworden: Die hörbare Persönlichkeit ist einzigartig. Mein größtes Anliegen und meine Bestimmung ist es, Menschen beizubringen, ihre unaufhaltbare, gewinnbringende Stimme zu nutzen, um die Freiheit zu haben, alles sagen zu können. Mit den richtigen Emotionen und wertvollen Beweggründen ist die Stimme für mich der ultimative **Erfolgsbooster Nummer 1.**

Nutze deine Persönlichkeit.

WER IST CLAUDIA CONEN?

Claudia Conen, bekannt als die „Umsatzstimme“, hat ihre Leidenschaft zum Beruf gemacht. Mit ihrer individuellen und unverwechselbaren Stimme schafft sie einen Aha-Effekt und zaubert Bilder in die Köpfe der Zuhörer.

Sie schärft das Bewusstsein für eines der mächtigsten Marketinginstrumente der Welt: die Stimme.

Als mehrfache Autorin, Speaker, Business Coach, Trainerin sowie Ausbilderin für Speaker, Trauer- und Hochzeitsredner und Voice-over ist ihre Kompetenz hörbar. Sie vermittelt gewissenhaft ihr Wissen.

Höre auf deine Stimme und spüre die Person dahinter.

LinkedIn: https://www.linkedin.com/in/claudia-conen-die-stimme/

Web: https://www.claudiaconen.com/

Email: Claudiaconen@umsatzstimme.de

Link zum Geschenk: https://claudiaconen-akademie.de/mb-geschenk

Pocket Storytelling: Meisterhaft Kürze und Prägnanz nutzen

von Christa Kainz

Stell dir vor, du könntest die Essenz deiner Botschaft, deines Angebots oder das, was dich ausmacht, in einer kurzen Geschichte von nur 30 bis 60 Sekunden auf den Punkt bringen. In diesem entscheidenden Moment gewinnst du nicht nur die Aufmerksamkeit deiner potenziellen Kunden, sondern malst auch lebendige Bilder in ihren Köpfen und berührst ihre Herzen mit Emotionen. Willkommen in der Welt des **Business Pocket Storytellings – Mach deine Worte so stark wie einen Espresso und deinen Auftritt zum Impact**, einer Kunstform, die von Christa Kainz meisterhaft beherrscht wird.

In diesem Buch lädt dich Christa ein, mit ihr in eine Welt der Kommunikation einzutauchen, in der jedes Wort zählt und jede Emotion eine Brücke zu deinem Gegenüber schlägt. Stell dir einen Raum voller gespannter Erwartungen vor, einen Ort, an dem Unsicherheit und Spannung fast greifbar sind. Die Gäste, jeder von ihnen, warten gespannt auf das, was kommen mag. Die Luft vibriert vor Neugier und Verwunderung – der perfekte Nährboden für eine packende Geschichte.

In dem folgenden Kapitel wirst du das Geheimnis effektiver Kommunikation entdecken. Du lernst, wie du durch das Erzählen kompakter, kraftvoller Geschichten deinen Zuhörern nicht nur Informationen, sondern auch Emotionen und Visionen vermitteln kannst. Es ist eine Reise zum Wendepunkt deiner Kommunikationsweise, eine Reise, auf der du lernst, wie deine Worte die Macht haben, nicht nur gehört, sondern auch gefühlt und erinnert zu werden.

Lass uns gemeinsam diesen spannenden Weg betreten. Es ist Zeit, die Türen zu öffnen und den ersten Schritt in die faszinierende Welt des Pocket Storytellings zu wagen.

Die Bühne des Pocket Storytellings

Heute bist du zu einer ganz besonderen Konferenz eingeladen: einer **Konferenz der Sprache,** die sich dem faszinierenden Thema des Pocket Storytellings widmet. Stell dir vor, du betrittst einen Raum, in dem jedes Wort, jede Pause, jede Emotion ihren eigenen Platz hat. Wer sind die Gäste in diesem Raum? **Es sind nicht nur Menschen wie du und ich, sondern auch die Elemente der Sprache selbst, die hier eine Hauptrolle spielen.**

An der vordersten Front sitzen die Worte, die Stärke zeigen wollen, die Betonung, bereit, den Ton anzugeben, und die Pause, die gekonnt ihre Wirkung entfaltet. In der letzten Reihe finden sich Ausredewörter wieder, denen nur wenig Bedeutung beigemessen wird. Sie sind die stillen Beobachter in diesem Spiel der Kommunikation.

Doch **die wahren Stars des Abends sind die Emotionen**. Sie nehmen in der ersten Reihe Platz, denn sie sind es, die Worte und Bilder mit Leben erfüllen wollen. Sie möchten, dass die Botschaften, die du sendest, nicht nur gehört, sondern auch gefühlt werden. Sie sind das Herzstück des Pocket Storytellings.

Auf der Galerie des Raumes haben sich die alltäglichen Herausforderungen der Kommunikation niedergelassen – das Kundengespräch, das Meeting, die Verhandlung. Wie die Zuschauer in einem Theater warten sie gespannt darauf, was als Nächstes passieren wird. **Dein Herz schlägt schneller vor Aufregung.** Was wird dieser Tag bringen?

In diesem Kapitel wirst du erkennen, dass die Veränderung in der Kommunikation oft von Konflikten, Problemen und Fehlern begleitet wird, die ebenfalls ihre Plätze auf der Galerie eingenommen haben. Sie sind angespannt und neugierig, beobachten das Geschehen. Wollen sie eingreifen oder warten sie nur darauf, dass eine kommunikative Lösung sie überzeugt?

Begib dich auf eine Entdeckungsreise durch die Welt des Pocket Storytellings. Es ist eine Welt, in der jedes Wort zählt, in der jede Emotion eine Geschichte erzählen kann. Bereit für das Abenteuer?

Geschichten, die bewegen:
Die Kunst des emotionalen Storytellings

Mit Würde und Bestimmtheit betritt nun die **Selbstsicherheit** den Raum, gefolgt vom **Mut,** denn ohne diese beiden sind Worte kraftlos und bleiben ohne Wirkung. Sie sind wie das Fundament einer Brücke, die über die Kluft der Gleichgültigkeit hinwegführt. **Ihre Präsenz im Raum ist unverzichtbar, denn sie verleihen jeder Aussage Gewicht und Bedeutung.**

Dicht auf den Fersen der Selbstsicherheit und des Mutes folgen die Klarheit und Offenheit. Diese beiden sind entscheidend, um Missverständnisse und Konflikte zu vermeiden. Sie sorgen dafür, dass deine Botschaft unmissverständlich und ehrlich ankommt. In einer Welt voller Halbwahrheiten und verschleierter Intentionen sind Klarheit und Offenheit die Hüter der Wahrheit.

Doch was wäre eine Geschichte ohne Verständnis und Empathie? Sie betreten den Raum und füllen ihn mit **Wärme und Mitgefühl**. Dein Gegenüber sehnt sich danach, verstanden und in seinen Bedürfnissen gesehen zu werden. Diese beiden Elemente stellen sicher, dass deine Geschichte nicht nur gehört, sondern auch **im Herzen deines Publikums verankert** wird.

Heute sind sie alle hier, um Teil deiner Geschichte zu sein – der Brücke und zugleich der Schlüssel zu deinem Gegenüber. Deine Aufgabe ist es nun, diese Geschichte zu kreieren und zu optimieren. Es ist Zeit, deine Geschichte zum Leben zu erwecken: Story, go!

Diese Geschichte ist mehr als nur Worte auf Papier; sie ist der Wendepunkt in deiner Kommunikation. **Sie ist kompakt genug, um in deine Hosentasche zu passen, doch kraftvoll genug, um Welten zu bewegen.** Ein Wendepunkt ist ein Moment der Veränderung, der Entscheidung. Heute, bei dieser Konferenz der Sprache, stehst du vor der Entscheidung, deine Art zu kommunizieren zu verändern. Bist du bereit, diesen Schritt zu gehen?

Pocket Storytelling – Die Quintessenz der Kommunikation

Jetzt stellt sich die Frage: Was genau ist Pocket Storytelling? Diese Kunstform verwebt drei essentielle Aspekte zu einem stimmigen Ganzen: treffende, zielführende und klare Worte. Diese Worte sind nicht nur Mittel zur Information, sondern auch Pinselstriche auf einer Leinwand, die Bilder in den Köpfen deiner Zuhörer malen. Sie sind die Brückenbauer zu deinem Gegenüber.

Doch um diese Bilder nicht nur sichtbar, sondern auch fühlbar zu machen, bedienst du dich eines mächtigen Werkzeugs – der Emotionen. Emotionen sind der Schlüssel, der deine Worte verstärkt, ihnen Leben einhaucht und sie spürbar macht. Sie sind der Grund, warum Geschichten in unseren Köpfen bleiben und Emotionen in unserem Herzen nachhallen.

Möchtest du, dass deine Worte die Kraft eines Espressos haben? Strebst du danach, mit deinen Auftritten einen bleibenden Eindruck zu hinterlassen? Dann ist es an der Zeit, **deine eigene Pocket Story** für jede erdenkliche Situation und jedes Business zu kreieren – **kurz, klar und kreativ.** Denke daran, es ist nicht allein eine Frage des Talents, sondern vielmehr des Wissens und des Könnens.

Deine Geschichte, Dein Echo in der Welt

Am Ende unserer Reise durch die Welt des Pocket Storytellings steht eine einfache, aber **tiefgreifende Erkenntnis**: Jedes Wort, das wir aussprechen, jede Geschichte, die wir erzählen, hinterlässt ein Echo in der Welt. Unsere Geschichten haben die Macht, Brücken zu bauen, Herzen zu öffnen und Veränderungen zu bewirken. Sie sind weit mehr als nur eine Ansammlung von Worten; sie sind der Ausdruck unserer **tiefsten Überzeugungen, Hoffnungen und Träume.**

Erinnere dich daran, dass du nicht nur ein Erzähler, sondern auch ein Schöpfer bist. Mit jedem Wort, das du wählst, malst du **ein Bild in der Vorstellungswelt deiner Zuhörer und hinterlässt einen bleibenden Eindruck.** Sei dir dieser Verantwortung bewusst und nutze die Kraft des Pocket Storytellings, um positive, inspirierende und transformierende Botschaften zu senden.

Jetzt bist du bereit, deine eigene Geschichte zu schreiben und zu erzählen – eine Geschichte, die nicht nur in den Köpfen, sondern auch in den Herzen deiner Zuhörer nachklingt. Lass deine **Worte kraftvoll sein wie ein Espresso, klar wie ein Bergsee und inspirierend wie der erste Sonnenstrahl eines neuen Tages.**

Mögen deine Geschichten die Welt erleuchten und das Echo deiner Worte noch lange in den Herzen deiner Zuhörer nachhallt.

Lass diese Methode zum Wendepunkt in deiner Art zu kommunizieren werden. Ich freue mich darauf, dich auf diesem Weg zu begleiten und gemeinsam mit dir deine einzigartige Story zu entwickeln. Pocket Storytelling ist nicht nur ein Werkzeug, es ist eine Reise**, ein Wendepunkt in deiner Kommunikation, der dich und dein Publikum verändert.**

Christa Kainz

Expertin für Kommunikation und Coaching, Autorin, Speaker

Christa Kainz „macht Worte so stark wie einen Espresso und den Auftritt zum Impact“. Ihre einzigartige entwickelte Technik des Business Pocket Storytelling ist der Schlüssel zum Marken-Erfolg, zur Sichtbarkeitssteigerung (+Videos) und Kundengewinnung. Im 1:1-Coaching sowie im Team-Coaching liegt ihr Schwerpunkt auf der Förderung der Persönlichkeitsentwicklung und der Potenzialentfaltung. Durch die Anwendung der ReJob Methode als Facilitator kommt es zur Motivationssteigerung, Stärkung. Coaching, Kommunikation sind ineinandergreifende Zahnräder – einzigartiger Mehrwert.

Web: https://www.gedankenwelle.at/workshops-kommunikation

Email: office@christakainz.com

LinkedIn: https://www.linkedin.com/in/christakainzgedankenwelle/

Ein kostenloses Espresso Gespräch wartet auf dich:
https://calendly.com/office-1533/meetingchristakainz

Präsentationen visuell gestalten: Die Macht der Bilder

von Bettina Roloff

Bettina Roloff ist keine gewöhnliche Kommunikationsexpertin. Sie versteht es, komplexe Ideen in lebendige Bilder zu verwandeln und die Botschaft eines Produktes so zu visualisieren, dass sie nicht nur gesehen, sondern auch gefühlt wird. Ihre Arbeit in der Welt der Visualisierung und Kommunikation hat die Branche nicht nur beeindruckt, sondern auch maßgeblich geprägt.

Dieses Kapitel beleuchtet die Karriere einer Frau, die mit jedem Strich und jeder Präsentation beweist, dass Erfolg oft in den ungesagten Details liegt. Bettina hat die Fähigkeit, jede Facette einer Präsentation mit Bedeutung zu füllen und weiß, dass der wahre Wert eines Produkts in der Übermittlung seiner Seele liegt. Ihre Gabe, kraftvolle Bildersprachen zu erschaffen, kombiniert mit ihrer kreativen Intuition und ihrem unwiderstehlichen Charme, macht sie zu einer Koryphäe auf ihrem Gebiet.

In den folgenden Seiten tauchen wir ein in die Philosophie und Praxis von Bettina Roloff. Wir erkunden, wie ihre Ansätze die Art und Weise verändert haben, wie wir über Visualisierung und Kommunikation denken und wie ihre Methoden jeden dazu inspirieren, die eigene Botschaft mit mehr Herz und Überzeugungskraft zu vermitteln. Lass Dich inspirieren von einer Meisterin, die die Macht der Bilder nutzt, um zu berühren und zu bewegen und bereite dich darauf vor, die Kunst der Überzeugung in einem neuen Licht zu sehen.

Der Duft des Erfolgs

Ein vertrautes Ritual

Du hast es Dir wahrscheinlich, genauso wie ich, gerade gemütlich gemacht und einen leckeren Kaffee oder Tee geholt. Aber was ich hier noch habe, ist etwas Besonderes, und ich möchte, dass du es erlebst. In meinen Händen halte ich **ein Brot, so aromatisch, dass es selbst die stärkste Disziplin auf die Probe stellt.** Es ist nicht nur ein Brot; es ist der **Bote einer Geschichte,** die ich Dir unbedingt erzählen muss.

Ein Meisterwerk aus Meisterhand

Dieses **köstliche Brot** kommt aus der Bäckerei Müller – einem Ort, wo Handwerk noch **echtes Handwerk** ist. Der Besitzer, Herr Müller, ist ein Meister seines Fachs. Sein Lebenstraum ist, dass Menschen wie du und ich die Qualität seiner Arbeit nicht nur erkennen, sondern auch schmecken. Er hat nicht aufgehört, seine Prozesse zu verfeinern und seine Rezepte zu perfektionieren. **Jedes Brot ist ein Zeugnis seiner Hingabe.**

Das unerwartete Dilemma

Doch trotz seiner **unermüdlichen Arbeit** und der unbestreitbaren Qualität seiner Produkte, stand Herr Müller vor einem Rätsel, das ihn nachts wachhielt. „Bettina," gestand er mir, „**der Erfolg bleibt aus**. Die Verkäufe unserer Brote steigen nicht." Es ist eine Situation, die dir vielleicht bekannt vorkommt – harte Arbeit und ein exzellentes Produkt führen nicht immer direkt zum Erfolg.

Die Wende durch Ausstrahlung und Energie

Ein unerwarteter Anblick

Der Entschluss, Frau Müller einen unangekündigten Besuch im Laden abzustatten, führte mich in die heiligen Räume der Bäckerei. Eine halbe Stunde vor dem Ende des Tages traf ich auf eine Szene, die weit entfernt war von dem geschäftigen Treiben, das man kurz vor Ladenschluss erwarten würde. Stattdessen fand ich **Frau Müller, Tränen in den Augen, hinterm Tresen stehend – ein Bild der Verzweiflung.**

Die Last der unverkauften Träume

Sie wandte sich an mich mit Worten, die von ihrem Kummer zeugten: „Frau Roloff, ich weiß nicht mehr weiter. Abend für Abend dasselbe Bild: Unsere Brote, liebevoll gebacken, bleiben unberührt." Ihre Stimme brach fast, als sie fortfuhr: „Die Stammkunden greifen nach dem Bekannten, und die anderen gehen vorbei, als wären wir unsichtbar." **Die Realität, dass ihre Arbeit – ihre Kunst – am Ende des Tages im Müll landen würde, war für sie unerträglich.**

Das verkannte Potenzial

Meine Erfahrung hat mich gelehrt, dass im Herzen jeder Präsentation nicht allein das Fachwissen steht. Wissen macht nur 20% des Erfolgs aus; die übrigen 80% werden von der Übertragungskraft der Person bestimmt, die die Geschichte erzählt – ihrer Energie, ihrer Ausstrahlung, den gewählten Worten. Für das Gedeihen der Bäckerei Müller bedeutete das: 20% waren Herr Müllers Backkunst, aber **80% hingen von Frau Müllers Geschick ab, diese Kunst zu vermitteln.**

Die Transformation

Nach intensiver Zusammenarbeit mit Frau Müller kehrte ich eines Tages zurück in die Bäckerei – und was ich dort vorfand, war **ein wahrhaft verwandeltes Bild**. Eine lachende, pfeifende Frau Müller begrüßte mich hinter dem Tresen. „Schauen Sie nur“, rief sie aus, **„die Regale sind leer, die Kunden stehen Schlange!“** Sie erzählte mir von den Veränderungen, nicht nur in den Verkaufszahlen, sondern auch im Verhalten der Kunden. Diejenigen, die seit Jahren dasselbe kauften, probierten nun Neues. **Der Umsatz stieg, der Erfolg war greifbar nahe**, und die Freude darüber erhellte ihr Gesicht. Selbst Herr Müller musste nun öfter backen, um mit der neuen Nachfrage Schritt zu halten.

Die Expertin hinter der Verwandlung

Die Architektin des Erfolgs

Wer spricht hier zu Dir, und warum sollte diese Geschichte von Veränderung und Triumph deine Aufmerksamkeit verdienen? Mein Name ist Bettina Roloff. Mit mehr als einem Vierteljahrhundert Erfahrung in der Prozessoptimierung in Produktions- und Verwaltungsumgebungen habe ich es mir zur Aufgabe gemacht, den Blick der Fachwelt auf das oft unterschätzte Feld der Präsentationskunst zu lenken. Es ist das Feld der „unsichtbaren“ 80 %, das den Kern meiner Expertise ausmacht.

Dein Werk, Deine Vision

Jetzt stell Dir vor, das Brot, das wir gemeinsam betrachtet haben, ist nicht einfach nur ein Brot. Es ist ein Symbol für dein Lebenswerk, Deine Dienstleistung, dein Produkt – dasjenige, für das Du unzählige Stunden aufgewendet und vielleicht sogar Deine Selbstständigkeit riskiert hast. Wie fühlst Du Dich dabei, wenn es nicht die Anerkennung findet, die es verdient? Ist es nur ein weiterer Ladenhüter oder wird es die Welt in Staunen versetzen?

Die Entscheidung, die zählt

Es liegt in Deiner Hand, aus Deinem Produkt mehr als nur ein weiteres Angebot auf dem überfüllten Markt zu machen. Mit den richtigen Techniken und einem Verständnis für das, was Kunden wirklich suchen – die Verbindung, die Emotion, das Erlebnis – kann Dein Produkt oder Deine Dienstleistung zu etwas werden, das die Menschen lieben und wertschätzen.

Eine Einladung

Dieser Abschnitt schließt nicht nur den Kreis unserer Geschichte über das Bäckereipaar Müller und ihre Reise zum Erfolg, sondern öffnet auch ein Fenster zu Deinen eigenen Möglichkeiten. Es ist eine Einladung, zu entdecken, wie Du die verborgenen 80 % Deines Potenzials freisetzen kannst. Die Frage, die bleibt, ist einfach: Bist Du bereit, diesen Schritt zu gehen und zu lernen, wie Du das Beste aus deinem Produkt oder Deiner Dienstleistung herausholen kannst?

Bettina Roloff

Beraterin für Prozessoptimierung und Präsentationsstrategin für Unternehmen, Selbstständige und KMU´s

Bettina Roloff ist anerkannte Expertin in den Bereichen Verbesserungsmanagement und Kommunikationstraining aus Berlin. Mit ihrer Leidenschaft für Moderation und dem Talent, Teams zu Höchstleistungen zu führen, übertrifft sie regelmäßig die Erwartungen ihrer Klienten. Ihre Fähigkeit, komplexe Inhalte durch einfache Zeichnungen greifbar zu machen, hat sie zur bevorzugten Trainerin für alle gemacht, die prägnant und einprägsam präsentieren möchten. Bettina ist bekannt für ihre Fähigkeit, Gruppen zu begeistern und zu motivieren, und ist stets bereit, ihr umfangreiches Wissen mit jenen zu teilen, die authentisch und merk-würdig kommunizieren wollen.

LinkedIn: https://www.linkedin.com/in/bettinaroloff/

Web: https://www.roloff-consulting.berlin

Email: info@roloff-consulting.berlin

Innovationskraft: Den Wandel vorantreiben

Innovationskraft: Den Wandel vorantreiben

Der Weg aus dem Hamsterrad: Mit dem IT-Guidance and Performance-Modell zur Work-Life-Harmonie

von Jörg-Uwe Beyer

In diesem Kapitel erwartet dich eine faszinierende Reise in die Welt der IT-gestützten Unternehmensprozesse, begleitet von Jörg-Uwe Beyer, einem Unternehmensberater, der sich auf die Performance-Steigerung durch IT spezialisiert hat. Mit seiner umfangreichen Erfahrung und einem eigens entwickelten Modell öffnet er dir die Augen für die Möglichkeiten, wie du die Abläufe in deinem Unternehmen nicht nur effizienter gestalten, sondern sie auch tiefgreifend verstehen und auf ein neues Level heben kannst.

Jörg-Uwe nimmt dich mit auf einen Weg, der weit mehr verspricht als bloße Kosten- und Zeitersparnis. Er zeigt dir, wie du durch gezielte Optimierung und kluge Automatisierung die Zügel deines Geschäfts fest in der Hand behältst, ohne dabei deine Work-Life-Balance aus den Augen zu verlieren. Es geht um eine Transformation, die dein Unternehmen erblühen lässt, während du als Inhaber endlich wieder durchatmen kannst.

Die Methoden und Strategien, die du gleich kennenlernen wirst, sind praxiserprobt und darauf ausgerichtet, dich und dein Unternehmen nachhaltig zu entlasten. Jörg-Uwe Beyer gibt dir keine leeren Versprechungen, sondern handfeste, anwendbare Lösungen an die Hand.

Mach es dir also bequem und lass dich inspirieren. Es ist Zeit, dass du die Kontrolle übernimmst und dein Unternehmen so gestaltest, wie du es dir immer vorgestellt hast. Mit diesem Buchbeitrag beginnt ein neues Kapitel – für dich und dein Business. Lerne, wie du mit Jörg-Uwe Beyers Ansatz deine Prozesse nicht nur analysierst und verstehst, sondern sie zu deinem strategischen Vorteil optimierst und automatisierst. Willkommen bei einem Wendepunkt in deiner Unternehmerlaufbahn.

Vom Unternehmer zum Getriebenen:
Die verborgenen Kämpfe im KMU-Alltag

In den **unzähligen Gesprächen**, die ich über **Monate und Jahre** hinweg mit **Unternehmerinnen und Unternehmern** geführt habe – insbesondere mit denen aus dem **Herz der Wirtschaft, den kleinen und mittelständischen Betrieben** – kehrt ein Echo immer wieder: Ein kollektives Gefühl der Unzulänglichkeit, des Getriebenseins trotz scheinbar gut laufender Geschäfte. **„Ja, unser Betrieb macht seine Sache gut, die Geschäfte fließen, wir geben alles“**, sagen sie. „Aber irgendwie, irgendwo im täglichen Getriebe, **verlieren wir den Blick für das Ganze**. Wie tickt unser Unternehmen wirklich? Warum stolpern wir über **interne Konflikte**, wälzen uns in endlosen Rückfragen und Diskussionen und lassen sogar manchmal **Aufträge durch die Lücken fallen**?“

Für viele ist **Unternehmertum ein Dauerlauf geworden** – ein **Marathon ohne Ziellinie.** Zehn, zwölf, vierzehn Stundentage sind die Norm, Wochenenden zur **Rarität** verkommen, **Urlaub** ein flüchtiger Gedanke, den man sich vielleicht einmal im Jahr erlaubt – und selbst das fühlt sich an wie ein **unverdienter Luxus**.

In diesem Kapitel wirst du vielleicht deine eigene Geschichte wiederfinden, vor allem wenn du die brennende Frage in dir trägst: **„Ist das wirklich der Traum, für den ich angetreten bin, für den ich alles riskiert habe?** Mein Lebenswerk, mein Stolz – soll das wirklich nur in endlosem Einsatz resultieren, in der **Sklaverei meines eigenen Lebenswerks**?"

Digitalisierung – Der Schlüssel zur Entfesselung deines Unternehmenspotenzials

Stell dir eine Welt vor, in der dein Betrieb wie ein **gut geöltes Uhrwerk** läuft. Du betrittst morgens deine Firma und ein **wohlkoordiniertes Team** bewegt sich mit Sicherheit und Kenntnis durch ihre Aufgaben. Jeder weiß, was von ihm erwartet wird, und die Kunden erhalten genau den Service, den sie erwarten – und für den sie zahlen.

Stelle dir ein Arbeitsumfeld vor, in dem **Harmonie herrscht**, wo Konflikte die Ausnahme sind und ein kollegiales Miteinander den Alltag bestimmt. Ein Szenario, indem du nicht mehr im operativen Tagesgeschäft feststeckst, sondern die Freiheit hast, dich auf das zu konzentrieren, was wirklich zählt: die **strategische Ausrichtung und das Wachstum deines Unternehmens.**

Die Frage ist: Wie erreicht man diese ideale Welt? Die Antwort liegt in einem oft missverstandenen und sogar gefürchteten Konzept – der **Digitalisierung**. Der Begriff wirkt für manche abschreckend, gerade weil er Hand in Hand mit der IT geht, einem Bereich, der vielen Unternehmern fremd ist. Aber in der heutigen Zeit führt kein Weg an der IT vorbei.

Die Digitalisierung ist ein entscheidender Schritt über das bloße Versenden von E-Mails und den Kauf von Software hinaus. Es geht darum, mit einem **fundierten Ansatz** in diese neue Ära einzutreten.

Der erste Schritt in die richtige Richtung erfordert nicht die neueste Technologie oder die tiefgreifendsten IT-Kenntnisse.

Was es braucht, ist eine **klare Vision**, wie Digitalisierung effektiv als Werkzeug genutzt werden kann, um dein Unternehmen zu transformieren und zu neuen Höhen zu führen.

Handeln statt Zögern: Der Praktische Weg zur Digitalen Revolution

Du fragst dich vielleicht, welche speziellen IT-Kenntnisse notwendig sind, um die Reise der Digitalisierung zu beginnen. Die Antwort ist so simpel wie ermutigend: **Du benötigst keine**. Was zählt, ist nicht dein technisches Wissen, sondern deine Fähigkeit, klar und zielgerichtet zu denken. Nimm einen Stift zur Hand, greife nach ein paar Post-its und beginne das Gespräch mit deinem Team. Sie sind diejenigen, die täglich mit den Abläufen deines Unternehmens vertraut sind und genau wissen, wo Verbesserungspotenzial liegt.

Abbildung 1: Prozessaufnahme Workshop

Visualisiert gemeinsam eure Prozesse und identifiziert, wo und wie diese optimiert werden können. Diese Vorarbeit ist so wichtig, da sie Fehlinvestitionen in IT vermeidet, die vielleicht gar nicht die Anforderungen erfüllt. Effiziente Prozesse sind das Rückgrat erfolgreicher Unternehmen. Sie ermöglichen nicht nur eine reibungslose Arbeitsweise, sondern tragen auch maßgeblich zur Kostenreduzierung, Qualitätsverbesserung und zur Steigerung der Wettbewerbsfähigkeit bei.

Sind die wesentlichen Abläufe dokumentiert, ist dies der Moment, in dem IT ins Spiel kommt – nicht als mysteriöser, überwältigender Riese, sondern als hilfreiches Werkzeug, das darauf wartet, von dir genutzt zu werden. Informiere die IT-Experten genau über deine Anforderungen und sie werden dir Möglichkeiten aufzeigen, wie du effektiv deine Produktivität steigern und die Wettbewerbsfähigkeit deines Unternehmens ausbauen kannst.

Achte darauf, dass IT nicht länger die Black Box im Unternehmen ist. Schalte mal das Licht ein, dann verliert die IT auch ihren Ruf als Fass ohne Boden, sie wird steuerbar.

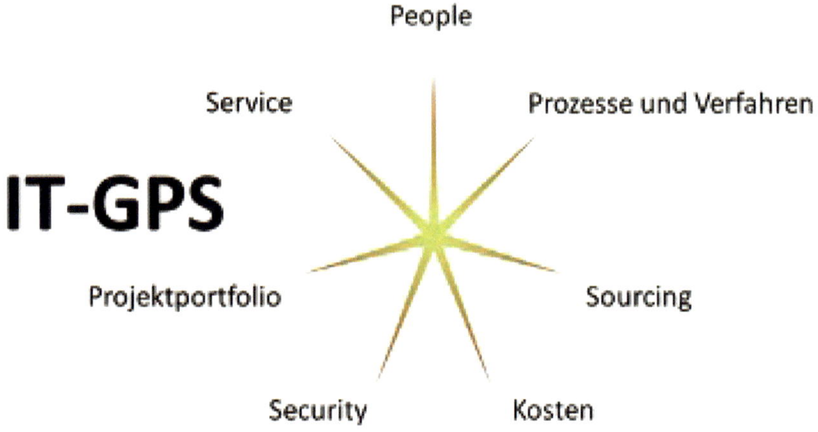

Abbildung 2: Das Steuerungssystem für die IT

Denke daran: Jedes Unternehmen ist so individuell wie sein Schöpfer, was bedeutet, dass es **keine Einheitslösung** gibt. Aber das ist kein Grund zur Sorge. Oft reicht ein kurzes, unverbindliches Gespräch aus, um den Stein ins Rollen zu bringen. Wenn du den Wunsch hast, diese Veränderung anzugehen, dann zögere nicht, den nächsten Schritt zu machen.

Siehst du den QR-Code oder denkst darüber nach, meine Webseite zu besuchen, um einen Termin zu vereinbaren? Dann folge diesem Impuls. Und wenn du dich fragst, wann der richtige Zeitpunkt zum Handeln ist, dann lass dir eines gesagt sein: Der beste Moment ist **jetzt**. Pack es an, bevor noch ein weiterer Tag im alten Trott verstreicht. Vielen Dank, dass du mit mir bis hierher gegangen bist und offen bist für den Wandel, der dein Unternehmen grundlegend zum Positiven verändern kann.

Jörg-Uwe Beyer

Experte für die Schaffung von Wettbewerbsfähigkeit durch Digitalisierung

Jörg-Uwe Beyer ist Diplom-Informatiker. Er berät und schult seit 1988 Unternehmer, Führungskräfte und ganze Teams zu IT-Themen. Die Optimierung von Unternehmensprozessen und deren nachhaltige Implementierung ist ihm ein dringendes Anliegen, da sie die Grundlage für wettbewerbsfähige Unternehmen ist. Unternehmensprozesse schaffen die Wertschöpfung in einem Unternehmen. Er moderiert die Zusammenarbeit zwischen den „Fachleuten" und der IT und schafft so die Basis für eine erfolgreiche **Digitalisierung**. Eine kostengünstige IT braucht ein gutes Verständnis der Geschäftsprozesse. Seine zusätzliche Coaching-Ausbildung hilft ihm dabei, seine Kunden zum Erfolg zu führen.

LinkedIn: https://www.linkedin.com/in/jörg-uwe-beyer/

Web: https://jub-gmbh.de

Web: https://it-gps.de

Email: ju.beyer@jub-gmbh.de

Virtuelle Horizonte: Die Revolution im Business durch Virtual Reality (VR)

von Petra Isabel Schlerit

Ein Sprungbrett in eine neue Realität

Stellen Sie sich vor, Sie betreten einen Raum, und plötzlich weiten sich die Grenzen Ihrer Realität: Wände werden zu Leinwänden der Kreativität, Menschen aus aller Welt stehen Ihnen gegenüber, als wären sie wirklich da. Das ist die Kraft der Virtual Reality im Business, die **Petra Isabel Schlerit**, eine **Vorreiterin auf diesem Gebiet**, Ihnen näherbringen möchte. Ihre Arbeit verbindet Wissen und Kreativität um Zusammenarbeit, Beratung, Training und Coaching in einzigartige, immersives Erlebnisse zu verwandeln.

VR: Mehr als nur eine Technologie

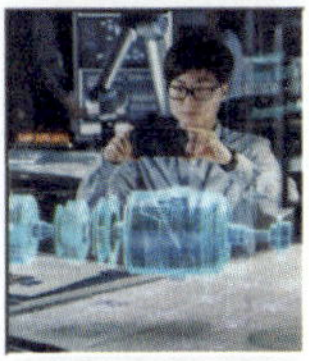

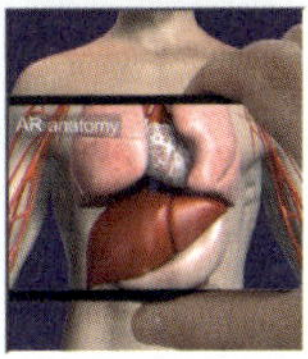

Entdecken Sie, wie Virtual Reality weit über die bloße Faszination hinausgeht und sich als mächtiges Werkzeug in der Arbeitswelt etabliert. Petra Isabel Schlerit zeigt, wie VR-Brillen – mehr als nur Türen zu anderen Welten – **Zusammenarbeit, Weiterbildung und Coaching auf ein neues Niveau heben**.

Die vierte Revolution: VR und AR im Business

Wir stehen an der Schwelle **zum vierten großen technologischen Quantensprung**. Extended Reality (XR), einschließlich **virtueller (VR) und erweiterter**

Bild zu „Virtuelle Präsenz: Zusammenarbeit ohne Grenzen“

Realität (AR), reihen sich an die einflussreichsten Technologien ein, die unser Arbeits- und Privatleben revolutioniert haben. Zuerst der Personal Computer, gefolgt vom Internet und Smartphone, erweitern nun XR-Technologien die Art und Weise wie wir arbeiten und leben.

Quelle: XR-C Academy GmbH

XR-Technologien: Virtual Reality (VR) – Mixed Reality (MR) – Augmented Reality (AR) Quelle: XR-C Academy GmbH	**Erweiterte Realität: Drei Wege zur Innovation** Extended Reality Technologien bieten drei spannende Möglichkeiten: Augmented Reality (AR) und Mixed Reality (MR) ergänzen unsere Realität mit digitalen Informationen, während Virtual Reality (VR) uns in komplett computergenerierte Welten entführt. Dieses immersive Eintauchen verändert, wie wir Informationen aufnehmen und verarbeiten und heben die Zusammenarbeit auf eine neue Ebene. Es ist nicht nur beeindruckende Innovationen, sondern zukünftig essenzielle Tools, die Zusammenarbeit, Wissenstransfer, Kompetenzentwicklung und Unternehmensleistung verbessern können.

Als CEO und Gründerin der XR-C Academy GmbH bin ich Teil dieser Revolution, nicht nur als Beobachterin, sondern als aktive Gestalterin. Wir **zertifizieren Professionals** und unterstützen Unternehmen dabei, diese Technologien **gewinnbringend zu nutzen**.

Virtuelle Präsenz: Zusammenarbeit ohne Grenzen

Ein VR-Headset, wie die Quest 3 von META, überwindet physische Distanzen und ermöglicht es, in einem gemeinsamen virtuellen Raum zusammenzukommen. Dies schafft einen **fokussierten Arbeitsraum ohne äußere Störungen** und eine intensive, fast reale Präsenz der Teilnehmer:innen.

Webmeetings mögen die moderne Norm sein, doch VR bietet einen unschätzbaren Mehrwert: **Persönliche Nähe**, die weit über ein einfaches Bildschirmteilen hinausgeht: Jeder spürt die Präsenz der anderen Personen, als stünden sie wirklich neben einem. Das schafft eine tiefe **emotionale Verbindung** – zwischenmenschlich und inhaltlich – denn immersives Erleben **verankert sich tief in das menschliche Gedächtnis**.

Erfolgsgeschichten: VR in Aktion

Lufthansa Cargo konnte durch VR/AR-Trainings die Durchfallquoten von 36% auf 7% senken. PricewaterhouseCoopers erlebte in Führungstrainings eine bis zu **viermal schnellere Lerngeschwindigkeit** und **40% stärkere emotionale Bindung** zum Lerninhalt als bei klassischen Methoden. Sie konnten eine bessere Umsetzung, nachhaltigere Wirkung und persönliche Integration in den Alltag deutlich nachweisen.

Bei der Telefónica O2 Academy wurden VR-Technologien erfolgreich in Sales Trainings integriert und sich als voller Erfolg erwiesen. Heute finden in den immersiven VR-Räumen der Telefonica O2 wesentlich mehr Trainings statt, ebenso wie das Onboarding neuer Mitarbeitenden und Kundengespräche.

Dr. Franz Hütter, Inhaber und Gründer von BRAIN-HR und Preisträger des deutschen Demografie Preises 2022 für „New Work, zum Leben erweckt", ist ein weiteres Beispiel für die transformative Kraft von VR. Nach seiner Ausbildung zum Certified VR Expert (XR-C) hat er sich weiter in die wissenschaftlichen und praktischen Aspekte der Anwendung von VR in Training und Coaching vertieft. Dr. Hütter betont: „Mit Virtual Reality (VR) lassen sich auf eine unbeschreibliche Art und Weise **hochkomplexe Zusammenhänge visualisieren und verstehen**! Das hebt Neuroscience & Future Learning auf ein gewaltiges Niveau."

Mehr als nur eine Erfahrung: Die VR-Revolution in der Praxis

In unseren immersiven Tagungs- und Schulungsräumen haben wir bereits über 2100 Teilnehmerinnen und Teilnehmer auf ihrer Reise durch die Welt der Virtual Reality begleitet. Unser Ansatz zielt darauf ab, anfängliche Skepsis spielerisch abzubauen und ein intensives Lern- und Arbeitsumfeld zu schaffen. Besonders im Coaching-Bereich eröffnet VR ganz neue Dimensionen: Die üblichen physischen Grenzen verschwinden, was bisher **unvorstellbare Erfahrungen ermöglicht**.

Diese innovative Technologie transformiert die Metaperspektive von einer bloßen „inneren Visualisierung" zu einer spürbaren, fast greifbaren Realität. Durch VR hinterlassen Verkaufspräsentationen und Kundengespräche einen nachhaltigen Eindruck, der lange in

Erinnerung bleibt. Ebenso verkürzt sich das Onboarding neuer Mitarbeiterinnen und Mitarbeiter erheblich, da die immersiven Erfahrungen einen tieferen und effektiveren Lerneffekt ermöglichen. Diese Beispiele zeigen nur einen kleinen Teil des immensen Potenzials, das VR in der geschäftlichen Welt bietet.

Insgesamt sind die aus VR resultierenden Vorteile vielfältig: Es eröffnen sich **neue Umsatzmärkte**, Angebote heben sich deutlich von dem großen Angebot ab und es werden **einzigartige und innovative Möglichkeiten geschaffen**. Die Anwendung von VR stärkt nicht nur den **ökologischen Fußabdruck** durch die Vermeidung unnötiger Reisen, sondern fördert auch den Z**usammenhalt remote arbeitender Teams** und sparen Zeit und Kosten.

Die Zukunft formen: VR hautnah erleben und verstehen

Ein zentrales Element unseres Engagements in der VR-Welt ist unser „Testdrive"-Workshop, der vom größten deutschen Coaching- und Trainingsverband, dvct e.V., beim AWARD 2021 ausgezeichnet wurde. Dieser Workshop bietet Ihnen die **einzigartige Gelegenheit**, in die faszinierende Welt der **Virtual Reality einzutauchen**. Viele Teilnehmer betreten diesen Workshop mit einer gewissen Skepsis gegenüber der neuen Technologie und einer Unsicherheit bezüglich ihrer Anwendungsmöglichkeiten. Doch nach nur 3,5 Stunden intensiven Eintauchens in die virtuelle Welt unter der Anleitung unserer erfahrenen Profis, wandelt sich diese Skepsis in Begeisterung. Unsere Teilnehmer erfahren am eigenen Leib, wie VR wirkt, was damit umgesetzt werden kann, und wie ihre eigenen Ideen zum Leben erweckt werden können. Die anfängliche Unsicherheit weicht einer **sprudelnden Kreativität** und einer **tiefen Einsicht** in die **unzähligen Möglichkeiten**, die VR bietet. Dieser Workshop ist nicht nur eine

Demonstration der Technologie, sondern auch ein Katalysator für Innovation und Kreativität in Ihrer eigenen Arbeit.

Kompetenzaufbau in der virtuellen Realität: Der Schlüssel zum Erfolg

In der sich rasant entwickelnden Welt der virtuellen Realität ist es entscheidend, die richtigen Kompetenzen zu besitzen. Wir unterstützen Sie dabei, sich in kurzer Zeit fundiertes Wissen und Fähigkeiten anzueignen, die für den erfolgreichen Einsatz von VR unerlässlich sind. Dies umfasst nicht nur technische Aspekte wie Hardware und Software, sondern auch die Gestaltung von VR-Umgebungen, das Verständnis für Qualitätskriterien, Datenschutz und die praktische Anwendung. Durch unsere Expertise erweitern Sie Ihre **Kompetenzen in der professionellen Anwendung digitaler Technologien**, um sich auf neu entstehende Märkte vorzubereiten und diese zu erobern. Angesichts der bevorstehenden Einführung neuer VR-Produkte durch Technologiegiganten wie Apple wird die Nachfrage nach VR-Expertise weiter steigen. Die Zusammenarbeit mit erfahrenen Experten bietet Ihnen die Möglichkeit, Zeit und Ressourcen zu sparen und Fehlinvestitionen zu vermeiden. Nutzen Sie diese Gelegenheit, um sich einen Vorsprung von unschätzbarem Wert zu sichern.

VR: Das Tor zu neuen Dimensionen

Denn entscheidend ist: VR ist mehr als ein Trend; es ist ein Portal zu einer Welt voll unbegrenzter Möglichkeiten. VR ermöglicht den **Zutritt ins immersive Metaverse** – eine Erweiterung unseres heutigen Internets zu einem **dreidimensionalen Web 4.0**, in dem zwischenmenschliche Begegnungen spürbar und lebendig werden.

Indem wir die Grenzen unserer Vorstellungskraft sprengen und das Potenzial dieser Technologie voll ausschöpfen öffnen wir uns die Tür, um die Zukunft aktiv mitzugestalten. Ein Morgen, in dem physische Distanzen irrelevant werden und Erlebnisse durch die Immersion eine völlig neue Tiefe erlangen.

Lassen Sie sich nicht nur als Zeuge dieser Entwicklungen begeistern, sondern werden Sie zum Architekten Ihrer eigenen virtuellen Realität. Die VR-Revolution wartet darauf, von Ihnen mitgeformt und gelebt zu werden.

Ergreifen Sie die Chance, innovativ und kreativ zu sein, und entdecken Sie, wie VR Ihr Business und Ihre Kommunikation transformieren kann.

Petra Isabel Schlerit

Expertin für innovative Entwicklung & Virtual Reality im Business

Petra Isabel Schlerit ist eine vielseitige Expertin mit über 30 Jahren Erfahrung in Business und Personalentwicklung. Als Autorin, Top100 Trainerin und Master Business Coach bietet sie praxisnahe, wirksame Impulse für Veränderung und Entwicklung. Ihre Expertise ist die Gestaltung innovativer Wege, besonders in komplexen und unkalkulierbaren Situationen. Als Dipl. VR Coach & Developer und Gründerin der XR-C Academy setzt sie neue Standards im Bereich Virtual Reality (VR) im Business und begleitet Unternehmen diese Technologie gewinnbringend einzusetzen. Sie gehört seit 2023 mit ihrer Expertise zu dem Zirkel der TOP Experten von Deutschland, Österreich und Schweiz des ERFOLG Magazin.

LinkedIn: https://www.linkedin.com/in/petra-isabel-schlerit/

Email: petra.schlerit@xr-c.com

Web: www.xr-c.com

Tel: +49 (176) 217 756 22

Innovation als Treibkraft: Wie Fördermittel unternehmerische Träume Wirklichkeit werden lassen

von Christopher Nigischer

In einer Welt, die niemals stillsteht, sind innovative Ideen nicht nur Funken der Kreativität, sondern das Rückgrat ambitionierter Unternehmen, die mehr anstreben, als nur auf dem Markt zu bestehen. Innovative Konzepte haben das Potenzial, Branchen zu revolutionieren – doch zu oft verlieren sich diese Visionen im Labyrinth finanzieller Beschränkungen.

Hier setzt Christopher Nigischer an – der erfahrene Navigator im komplexen Meer der Fördermittel, Gründer und Geschäftsführer der consider it GmbH. Sein Buchbeitrag bietet nicht nur Einblicke in seine bewährten Strategien, sondern macht das scheinbar Unerreichbare zugänglich. Mit einem geschulten Auge für Marktlücken und einem tiefgründigen Verständnis für die Fördermittel-Landschaft, schlägt Christopher eine Brücke zwischen innovativen Ideen und ihrer Realisierung.

Innovation bedeutet hier mehr als nur Erfindergeist; es ist die Umsetzung von Ideen, die den Markt bereichern. Wer bestimmt über Innovationskraft? Welche Schätze ruhen in den oft übersehenen Tiefen staatlicher Förderprogramme? Dieses Buch nimmt die Leser mit auf eine Reise, auf der Unternehmer lernen, versteckte Ressourcen zu erschließen und ihre Innovationsprojekte mit staatlichen Zuschüssen zum Leben zu erwecken.

Christopher entzündet ein Licht im Dunkel der Fördermittelwelt und reicht jedem Unternehmer den Schlüssel zu einer Zukunft voller Wachstum und Innovation.

Dein Potenzial entfesseln
– Fördermittel als Hebel für Innovation

In einer Zeit des rasanten Wandels stehst **du vor der Herausforderung, nicht nur Schritt zu halten, sondern die Zukunft aktiv zu gestalten**. Mein Name ist **Christopher Nigischer**, und ich habe es mir zur Aufgabe gemacht, dein Verbündeter und Wegweiser im Dschungel der Förderlandschaft zu sein. **Ich bringe dir ein Angebot, das du vielleicht nicht ablehnen kannst** – und dass sogar den Unterschied zwischen Stagnation und Durchbruch für dich bedeuten könnte.

Der verborgene Schatz der staatlichen Unterstützung

Stell dir vor, **du könntest deine Projekte und Visionen mit einer Unterstützung realisieren**, die dir bisher nicht möglich schien. In einem Land, in dem ein beträchtlicher Teil der Wirtschaftsleistung in Form von Subventionen fließt, liegt ein verborgener Schatz direkt unter deinen Füßen. Ich spreche von staatlichen Förderungen für Innovation – einer Ressource, die bislang von vielen ungenutzt blieb.

Die Wahrheit über Fördermittel

Es mag sich wie ein Märchen anhören, aber die Realität ist, dass das Beantragen von Fördermitteln oft **weniger kompliziert ist, als du denkst.** Der Aufwand, der hinter der Antragstellung steckt, wird regelmäßig überschätzt, während das potenzielle Ergebnis unterschätzt wird. Es ist an der Zeit, diese Diskrepanz zu korrigieren und die **Vorteile voll auszuschöpfen.**

Ein unwiderstehliches Angebot

Was habe ich also genau für dich im Gepäck? Beginnen wir mit einer Klarstellung: Unter Innovation verstehen wir **die Schaffung neuer Produkte, Verfahren und Dienstleistungen**, die den Markt bereichern und die Art und Weise, wie wir leben und arbeiten, verbessern. Es ist meine Mission, dich mit Fördermitteln zu verbinden, die **bis zu 70 Prozent deiner Innovationsprojektkosten abdecken können**. In diesem Buch zeige ich dir, wie du diesen **unschätzbaren Vorteil für dich** beanspruchen kannst.

Die ungenutzten Chancen – Fördermittel für dein Unternehmen

Es ist eine Tatsache, die zum Nachdenken anregt: Eine beachtliche Anzahl von Unternehmen in Deutschland lässt sich die **Gelegenheit entgehen, finanzielle Unterstützung für ihre Innovationsprojekte zu erhalten**. Die Zahlen sprechen eine klare Sprache: Von circa 100.000 potenziell förderfähigen Unternehmen nutzen nur etwa 15.000 diese Möglichkeit. Das bedeutet, 85% der Unternehmen, die diese Unterstützung beanspruchen könnten, tun es nicht. **Was ist mit dir?**

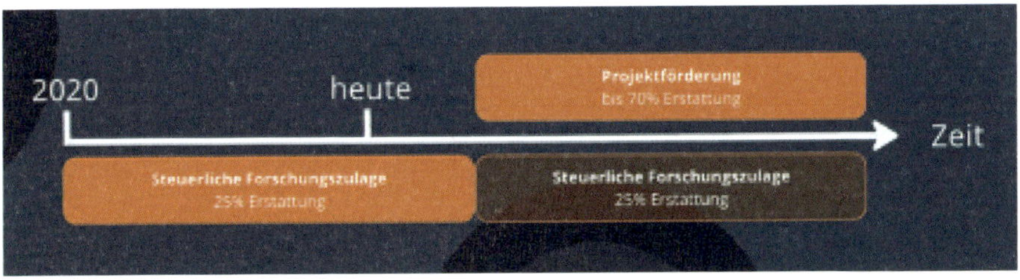

Was qualifiziert Dich für Fördermittel?

Du fragst dich, was genau unter diese Förderungen fällt? Die Antwort ist weitreichend. In erster Linie sind es Personalkosten, die du für deine innovativen Ideen einsetzt. Aber das ist nicht alles. Viele Förderprogramme berücksichtigen auch die Ausgaben für Zulieferer, Dienstleister und bisweilen Sachinvestitionen. Es ist essenziell zu verstehen, dass die **Förderbarkeit vor allem dann gegeben ist, wenn technische Herausforderungen bestehen**, die du auf dem Weg zur Lösung bewältigen musst.

- *Wer darf Fördermittel beantragen?*

  Jetzt könntest du dich fragen: „Gehöre ich zu den Auserwählten?“ Die gute Nachricht ist, dass **grundsätzlich jedes Unternehmen in Deutschland – ungeachtet der Branche, Größe, des Alters oder der verwendeten Technologie** – förderfähig sein könnte. Es gibt zwar Unterschiede zwischen den verschiedenen Programmen, aber im Allgemeinen kann es für jede gewerbliche Unternehmung lohnend sein, besonders für kleine und mittlere Unternehmen, die oft bevorzugt behandelt werden.

- *Wie viel wird gefördert?*

Die Höhe der Förderung variiert, sie kann zwischen **25 und 70 Prozent der Projektkosten** liegen. Zukünftige Projekte, die noch nicht begonnen wurden, können hohe Förderquoten von bis zu 70% erhalten. Aber selbst wenn dein Projekt bereits angelaufen ist, könnte es rückwirkend immer noch mit bis zu 25% förderfähig sein.

- *Rückwirkende Förderung?*

  Und hier kommt ein besonderes Schmankerl: Mit der 2020 eingeführten neuen Forschungszulage kannst du sogar Kosten für die Jahre ab 2020 **rückwirkend geltend machen.** Hast du in diesem Zeitraum an Innovationen gearbeitet und bisher keine Förderung in Anspruch genommen? Dann solltest du jetzt besonders aufmerksam sein. Der Grenzwert liegt bei **einer Fördersumme von einer Million Euro pro Jahr und Unternehmen.** Es ist also möglich, für die vergangenen Jahre mehrere Millionen Euro an Fördermitteln zu erhalten.

Der Schlüssel zum versteckten Schatz – Deine Eintrittskarte in die Welt der Fördermittel

Die Frage, die nun im Raum steht, lautet: **„Warum schöpfen nicht alle diese Ressourcen aus?“** Es ist erstaunlich, aber viele Unternehmen sind sich schlicht der Möglichkeiten nicht bewusst, die vor ihrer Tür liegen. Hier setzt mein Engagement an – **ich halte Vorträge und schreibe Buchbeiträge wie diesen, um Aufklärungsarbeit zu leisten.** Oft mangelt es auch an spezifischem Know-how oder schlichtweg an den nötigen Kapazitäten, um die Fördermittelthematik angehen zu können.

- *Das fehlende Puzzlestück: Unterstützung durch Experten*

An diesem Punkt kommt **mein Unternehmen ins Spiel.** Wir spezialisieren uns darauf, die Lücke des fehlenden Wissens und der nicht vorhandenen Kapazitäten zu füllen. Wir übernehmen die Sorge um die Fördermittel und arbeiten primär erfolgsbasiert. Das bedeutet für dich: **Kein Risiko, aber hohe Chancen auf einen finanziellen Boost für deine Innovationen.**

- *Nimm das Angebot an – es könnte sich lohnen.*

Schreib mir, sprich mich an oder buche direkt einen Termin über meine Profilseite.

Herzlichen Dank und vielleicht bis bald auf dem Weg zu deiner Förderung.

Christopher Nigischer

Fördermittelflüsterer, mehr Innovation, mehr Personal, schneller voran mit 25-70% Zuschuss für Innovationsprojekte für jedes Unternehmen

Christopher Nigischer ist seit 2010 Tech-Unternehmer. Sein erstes Unternehmen – die consider it GmbH – wurde durch Fördermittel finanziert. Es folgten weitere. Fördermittel sind seine Lieblingsart der Finanzierung, weil Fördermittelgeber weniger mitreden möchten, als VCs und man weder Equity abgeben noch privat für einen Kredit haften muss. Christopher beantragt seit über 15 Jahren regelmäßig Fördermittel für Innovationsprojekte in seinen Unternehmen und für Kunden. Er hat mit seinem Team aus 20 Fördermittel BeraterInnen bereits mehreren 100 Organisationen zu Fördermitteln verholfen.

LinkedIn: https://www.linkedin.com/in/cnigischer/

Web: https://consider-it.de

Email: nigischer@consider-it.de

Check: https://calendly.com/nigischer/15-min-foederchek

Vertriebsdynamik: Kunst und Kompetenz im Kundenkontakt

Vertriebsdynamik: Kunst und Kompetenz im Kundenkontakt

Entfessel die Löwin in Dir: Selbstbewusstsein und Strategie im Verkauf

von Yasmin da Costa

Warum scheint es, als würden einige Menschen ihre Angebote fast mühelos verkaufen, während Du und andere sich regelrecht abmühen? Yasmin Da Costa, hat sich mit dieser brennenden Frage eingehend auseinandergesetzt und dabei Schlüsselstrategien entdeckt, die Dir den Weg zum Erfolg ebnen können. Sie glaubt fest daran, dass die Königin der Tiere, die Löwin, eine entscheidende Rolle in dieser Dynamik und der Welt des Verkaufs spielt. In ihrem fesselnden Buchbeitrag nimmt Yasmin Dich mit auf eine Reise in ihre Welt und legt offen, wie Du Deine inneren Barrieren durchbrechen und mit Selbstvertrauen Deine Verkäufe meistern kannst. Lass dich inspirieren und lerne, wie Du Deine vertrieblichen Instinkte schärfen und Deine Ziele mit der Grazie und der Entschlossenheit einer Löwin erreichen kannst.

Die Gleichgültigkeit der Löwin – Unbeirrt zum Verkaufserfolg

Unbeirrbarkeit als Erfolgsgeheimnis

Kennst Du das Sprichwort: **„Es ist einer Löwin ziemlich egal, was eine Antilope von ihr denkt“** Diese Gleichgültigkeit gegenüber der Meinung anderer ist mehr als nur eine hübsche Metapher – **es ist eine Lebenshaltung, die Dich im Verkauf weit bringen wird.** Du brauchst mir in diesem Kapitel nichts aufs Wort zu glauben. Zieh gerne Deine eigenen Schlüsse, wenn du magst.

Die Haltung einer Löwin

Die Haltung einer Löwin ist nicht nur im wilden Dschungel, sondern auch im Vertriebsdschungel ein entscheidender Erfolgsfaktor. Dieses Prinzip gilt gleichermaßen, ob Du in einem Unternehmen angestellt und für den Verkauf fremder Dienstleistungen verantwortlich bist oder als Selbstständige Deine eigenen Services anbietest.

Die letzten fünf Prozent

Im Markt da draußen – ein ewiges Jagdgebiet – sind wir alle auf der Pirsch, doch häufig entwischen uns die letzten fünf Prozent, das **Geschäft zum Abschluss zu bringen, den Sack zuzumachen und fette Beute zur reißen"**.

Verzeih die Direktheit meiner Worte, aber sie spiegeln die Realität wider. Löwinnen verfügen über besondere Eigenschaften, die für den **selbstbewussten Verkauf von Dienstleistungen absolut entscheidend** sind.

Anmut und Autorität – Die Essenz der Verkaufslöwin

Anmut als Zeichen der Stärke

Eine Löwin verkörpert Anmut und Autorität in jeder Bewegung. Sie ist das Bild der Entschlossenheit, niemals blindlings in das Chaos des Marktes eintauchend, sondern mit breiten Schultern und klarem Blick für das Ziel. Sie beobachtet sorgfältig, **wählt ihre Beute – sei es der mächtige Elefant oder das wendige junge Zebra** – und im perfekten Moment ergreift sie die Initiative.

Führung mit Instinkt

Führung ist ihr angeboren. In der Welt der Löwen gibt es verschiedene Rollen, aber die der Leitlöwin ist entscheidend. Sie bestimmt die Richtung, identifiziert das Ziel und gibt den Anstoß für die Jagd. Die Frage, die Du Dir stellen solltest, ist: **Verkörperst Du die Haltung der Leitlöwin?** Bist Du bereit, die Verantwortung zu tragen? „Dies ist mein Ziel, und ich werde es erreichen"

Die Falle der Selbstzweifel überwinden

Zweifel sind wie Schatten, die sich an Deine Fersen heften – „Bin ich gut genug? Was, wenn ich auf Ablehnung stoße?" Doch eine echte Löwin wird von solchen Gedanken **nicht** heimgesucht. Ihr Selbstvertrauen und Gewinner-Mindset sind unerschütterlich. Dies zu kultivieren, ist **meine Mission** geworden.

Die Kraft des Rudels

Im Vertrieb ist Teamarbeit kein leerer Begriff; eine Löwin jagt niemals allein. In einem Unternehmen mag der Konkurrenzkampf vorherrschen, aber in der Welt, die ich Dir zeige, zählt nur das Miteinander. Wir jagen gemeinsam, nicht gegeneinander. **Mein Rudel, das ich sorgfältig zusammengestellt habe, ist ein Ort, an dem wir lernen,** Umstände zu beherrschen und uns von niemandem kleinhalten zu lassen. Wir setzen uns durch und erreichen, was wir uns vornehmen.

Unerschrockenheit – Der Weg zur Verkaufslöwin

Unerschütterlich gegenüber Widrigkeiten

Vergiss nie: **Eine echte Löwin wird sich niemals von einer Hyäne einschüchtern lassen.** Toxische Umgebungen und Menschen, die Dir nicht wohlgesonnen sind, können zwar herausfordernd sein, aber sie dürfen niemals ein Hindernis auf Deinem Weg zum Erfolg darstellen.

Selbstbewusstsein als Spezialgebiet

Mein Fachgebiet mag nicht die Skalierung großer Unternehmen oder das schnelle Erreichen breiter Massen durch Marketingmassnahmen sein, aber wenn es um Selbstbewusstsein im Vertrieb geht – für Einzelpersonen, Selbstständige und Unternehmer –, dann bin ich eine absolute Expertin.

Die Rudel-Mentalität im Vertrieb

Möchtest Du die Rudel-Mentalität in Deinen Verkaufsprozess integrieren und damit Stabilität und Sicherheit in Deine Umsätze bringen? Willst Du lernen, wie Du Dich und Deine Angebote mit echter Überzeugung präsentieren kannst? Dann bist Du bei mir genau richtig.

Mut und Erfolg als Ziel

Löwinnen verkörpern Mut und Erfolg; sie betreiben Vertrieb nicht nur anders, sondern besser. Sie haben eine **klare Vision, kennen ihr Ziel** und streben mit jeder Faser ihres Seins danach, dieses zu erreichen.

Ein Gewinner-Mindset für Dich

Das ist mein Wunsch für Dich: Dass Du jeden potenziellen Kunden mit dem Mindset einer Gewinnerin angehst, bereit, Deine Ziele zu verwirklichen. Mit dieser Einstellung wirst Du nicht nur überzeugen, sondern auch triumphieren.

Dein Aufruf – Brülle wie eine Löwin!

Jetzt bist Du dran. Es ist an der Zeit, die Arena zu betreten und das Gelernte in die Praxis umzusetzen. Erhebe Deine Stimme, zeige Präsenz, und lass Deine Aktionen für sich sprechen. Nimm die Herausforderung an, stehe zu Deinen Angeboten und **handle mit der Überzeugung und der Stärke einer Löwin.**

Trete dem Rudel bei:

Wenn Du bereit bist, Deinen Vertrieb auf das nächste Level zu heben und mit einem Rudel Gleichgesinnter die Kunst des selbstbewussten Verkaufens zu meistern, dann warte nicht länger. Kontaktiere mich, Yasmin Da Costa, und werde Teil einer Gemeinschaft, die den Markt nicht nur erobern, sondern auch nachhaltig prägen will.

Sei mutig. Sei kühn. Sei erfolgreich.

Wir warten auf Dich. Es ist Zeit, dass Du Deine Spuren hinterlässt. Mach den ersten Schritt auf Deinem Pfad zum Erfolg und zeige der Welt, was in Dir steckt. **Schließe Dich uns an und lass uns gemeinsam brüllen!**

Herzlichst, Deine Leitlöwin, Yasmin Da Costa.

Yasmin Da Costa

Finde Dein Warum & Du findest Deinen Weg!

Olá, ich bin Yasmin,

als leidenschaftliche Unternehmerin, Autorin, Gründerin, Powerfrau und Mutter von drei wundervollen Kindern unterstütze ich Dich dabei, ein erfülltes und glückliches Leben für Dich zu erschaffen.

Ich bin davon überzeugt, dass wir mit persönlichem und spirituellem Wachstum und den tatsächlich benötigten Umsetzungen und Handlungen beruflich wie privat die besten Erfolge erzielen.

Erwecke die Löwenkraft in Dir und bestreite mit Mut, Erfolg und Deiner Einzigartigkeit die BESTE Safari Deines Lebens.

Foto: CINEMATICZ, Filmproduktion, Imagefilm, Ulm

LinkedIn: https://www.linkedin.com/in/yasmin-da-costa/

Email: yasmin@yes-empower.de

Web: https://www.löwinnen.de

Die Kunst des Verkaufs und der Aufbau von Beziehungen

von Ute Gütschow

In der Welt des Verkaufs ist der Aufbau vertrauensvoller Beziehungen entscheidend. Ute Gütschow – eine beeindruckende Persönlichkeit im Bereich Vertrieb – verkörpert perfekt die Kunst, aus diesen Beziehungen echtes „Vertriebsgold“ zu schöpfen. Ihr Erfolg basiert nicht nur auf ihrer fachlichen Expertise, sondern auch auf ihrer Fähigkeit, charmant und dauerhaft wirkungsvolle Verbindungen zu schaffen. Sie engagiert sich dafür, mittelständische Unternehmen in ihrer Entwicklung zu fördern und ihnen zu zeigen, wie sie ihre Potenziale optimal nutzen können. Dabei ist LinkedIn, ein immer wichtiger werdender Vertriebskanal in unserer digitalen Welt, ein zentrales Element ihrer Strategie.

Dieser Buchbeitrag bietet einen tiefen Einblick in die faszinierende Welt des Vertriebs, in der Beziehungen den Weg zum Erfolg ebnen. Es beleuchtet die Methoden und Strategien, die Ute Gütschow anwendet, um nicht nur Kunden zu gewinnen, sondern auch langfristige und bedeutungsvolle Partnerschaften aufzubauen. Durch ihre Geschichten und Erfahrungen eröffnet sich eine Welt, in der Vertrauen und menschliche Verbindungen die Hauptrolle spielen und entscheidend für den geschäftlichen Erfolg sind.

Erfahrungen aus der Praxis – Der Wendepunkt

Meine persönliche Reise im Vertrieb begann nicht mit einem Triumph, sondern mit einer harten Lektion, die mein berufliches Leben für immer verändern sollte. Eines Tages, als ich dachte, ich hätte einen Auftrag sicher in der Tasche, wurde ich jäh aus meinen Träumen gerissen.

Mein Chef, ein lange Zeit erfolgsverwöhnter Geschäftsinhaber mit charismatischer Ausstrahlung, ließ meine Hoffnungen platzen wie eine Seifenblase. **„Machen Sie sich nicht zu große Hoffnungen"**, sagte er, **„dieser Auftrag wird wohl wieder an unseren Wettbewerber XY gehen."**

Dieser Moment war **ein Wendepunkt** für mich. Es war **ein Augenöffner**, der mich dazu brachte, meine Karriere und die Zukunft, die ich mir wünschte, zu überdenken. Ich erkannte, dass die traditionellen Vertriebsmethoden, die ich bis dahin angewandt hatte, nicht mehr ausreichten. Die Welt hatte sich verändert; das digitale Zeitalter hatte neue Regeln geschrieben. Ich musste mich anpassen oder untergehen. Ich machte mich daran, herauszufinden, was passiert war. Es stellte sich heraus, dass es am Marketing lag. **Unser Hauptwettbewerber hatte einfach lauter und geschickter kommuniziert.** Seine Lösungskompetenz kam zwar nicht an unsere heran, aber sein hervorragendes Marketing machte den Unterschied. Er nutzte ausgeklügelte Methoden, sodass die Kunden von selbst auf ihn zukamen, während ich mich mühsam mit Kaltakquise durchkämpfen musste.

Mit dieser Erkenntnis im Gepäck traf ich eine der mutigsten Entscheidungen meines Lebens: **Ich würde mein eigenes Unternehmen gründen.** Mein Ziel war es, eine Brücke zwischen traditionellem Vertrieb und modernen Online-Marketing-Strategien zu schlagen. Ich wollte Unternehmen zeigen, wie sie in dieser neuen digitalen Landschaft nicht nur überleben, sondern gedeihen können.

LinkedIn – Der Game-Changer

Die Entdeckung von LinkedIn als Schlüsselelement für meinen Erfolg war eine Offenbarung. Diese Plattform hat sich für mich als eine Art lebendige Webseite erwiesen, die es mir ermöglichte, mein Profil und meine Dienstleistungen optimal zu präsentieren. Die Kraft von LinkedIn liegt in seiner Fähigkeit, durch treffende Darstellungen und aussagekräftige Inhalte, potenzielle Kunden anzuziehen. **Diese Plattform wurde zu meinem digitalen Schaufenster**, durch das ich die Aufmerksamkeit von Menschen erregte, die ich sonst nie erreicht hätte.

Hand aufs Herz: Wer hat nicht schon einmal davon geträumt, im Schlaf Geld zu verdienen? Letzten Sommer passierte mir genau das. Ich entspannte am Tegernsee, als ich eine Nachricht auf meinem Handy sah: Ein Verkauf war getätigt worden, und zwar ein schöner vierstelliger Betrag. Eine mir unbekannte Person hatte mein Sechs-Wochen-Programm gekauft. Auf meine Nachfrage hin erklärte die Geschäftsführerin einer Hamburger GmbH: „Ich beobachte dich schon seit einem halben Jahr auf LinkedIn. Ich bin beeindruckt, wie deine Kunden unter deinen Beiträgen ihr Feedback hinterlassen. Jetzt möchte ich auch mit dir arbeiten." **Das war der Beweis, dass meine Strategie funktionierte.**

Meine LinkedIn-Strategie

Um auf LinkedIn erfolgreich zu sein, entwickelte ich eine eigene Formel. Diese basiert auf der Idee, zunächst ein **großes Problem des Wunschkunden zu identifizieren**. Dieses Problem wird dann in eine packende Geschichte eingebettet, die die **Herausforderungen und möglichen Lösungen lebendig darstellt**. Der nächste Schritt ist, eine Lösung zu präsentieren, die sich klar von der Konkurrenz abhebt. Der **Schlüssel zum Erfolg liegt im Aufbau von Vertrauen und Beziehungen**. Dies erreicht man, indem man seine Kompetenz durch konkrete Beispiele und Erfolgsgeschichten untermauert und dann aktiv den Kontakt zu potenziellen Kunden sucht.

LinkedIn ist somit mehr als nur ein Netzwerk oder eine Plattform für berufliche Kontakte. Es ist **ein mächtiges Werkzeug im modernen Vertrieb**, dass es erlaubt, gezielt und effektiv Beziehungen aufzubauen und zu pflegen.

Dein Weg zum Erfolg: Beziehungen bauen und nutzen

Die Reise durch die Welt des Vertriebs und des Beziehungsaufbaus neigt sich nun dem Ende zu, aber für dich beginnt vielleicht gerade erst ein neues Kapitel.

Denke immer daran: Der Aufbau von Beziehungen, ob durch persönliche Interaktionen oder über Plattformen wie LinkedIn, ist entscheidend für deinen Erfolg im heutigen Vertrieb. Es geht nicht nur darum, dein Produkt oder deine Dienstleistung zu präsentieren. Vielmehr ist es wichtig, **sichtbar zu werden und emotionale Verbindungen zu schaffen**. Diese emotionalen Verbindungen können der **Schlüssel zu langanhaltenden Geschäftsbeziehungen** und letztlich **zu deinem Erfolg** sein.

Nutze jede Gelegenheit, die sich dir bietet. Erzähle packende Geschichten, die dein Produkt oder deine Dienstleistung ins rechte Licht rücken, oder tritt direkt in Kontakt mit potenziellen Kunden. Jede Interaktion ist eine Chance, dein Unternehmen voranzubringen und neue Kunden zu gewinnen.

Beginne heute damit, LinkedIn in deine Vertriebsstrategie einzubinden und erlebe selbst, wie deine Geschäftsbeziehungen transformiert werden. Möchtest du mehr darüber erfahren, wie du LinkedIn und andere digitale Werkzeuge optimal nutzen kannst? Dann Folge mir für weitere Einblicke und Unterstützung.

Dein Weg zu einem herausragenden Unternehmen beginnt jetzt!

Ute Gütschow

Expertin für Mehr Erfolg im Verkauf B2B - digital über LinkedIn

Ute Gütschow ist Vertriebsexpertin mit über 20 Jahren Erfahrung und einzigartiger Expertise. Spezialisiert auf innovative Vertriebsstrategien und digitales Marketing begleitet Ute Unternehmen zu mehr Erfolg im Verkauf B2B und schafft Wow-Effekte. Der Fokus liegt dabei auf LinkedIn. Ute ist bekannt für ihre Fähigkeit, mittelständische Unternehmen zu transformieren, indem sie ihnen zeigt, wie man digitale Plattformen für den Aufbau starker Geschäftsbeziehungen nutzt. Ihre Erfolge und Herangehensweise - weg vom mühseligen Verkaufen – hin zum „Gekauft werden“ machen sie zu einer gefragten Beraterin und Rednerin.

LinkedIn: https://www.linkedin.com/in/ute-gütschow/

Web: https://kunden-anziehen-mit-linkedin.de/linkedin-unternehmensseite/

Mail: mail@ute-guetschow.de

Finanzielle Wege und persönliche Gipfel

Finanzielle Weg und persönliche Gipfel

Der Traum von finanzieller Freiheit für die ganze Familie und das 5-Euro-Geheimnis

von Hendrik Kohake

„If you can dream it, you can do it.“ Dieses berühmte Zitat von Walt Disney fängt perfekt ein, was Hendrik Kohake in seinem Leben umgesetzt hat. In diesem Buchbeitrag teilt Hendrik, wie er gemeinsam mit seiner Frau den Traum von der finanziellen Freiheit verwirklicht hat – einen Traum, den viele hegen, aber nur wenige erreichen.

Hendrik ist nicht nur finanziell unabhängig geworden, er hat auch seine Erfahrungen und Erkenntnisse als Mentor weitergegeben. Er zeigt dir, wie du dein Business nicht nur profitabel gestaltest, sondern auch nachhaltig Vermögen aufbaust. Seine Geschichte ist eine Quelle der Inspiration und ein praktischer Leitfaden zugleich.

In den nächsten Seiten begleitest du Hendrik auf seiner Reise. Du wirst entdecken, wie er mit Herausforderungen umgegangen ist und welche Strategien ihm zum Erfolg verholfen haben. Hendrik teilt offen seine Höhen und Tiefen und zeigt, dass der Glaube an sich selbst und seine Träume der Schlüssel zum Erfolg ist.

Sei gespannt auf eine Geschichte, die nicht nur inspiriert, sondern dir auch konkrete Wege aufzeigt, wie du deine finanziellen Ziele erreichen kannst. Hendrik öffnet dir die Tür zu einer Welt, in der Träume zur Realität werden. Erfahre, wie du dein eigenes Business aufbauen und einen Weg zur finanziellen Freiheit einschlagen kannst, der nicht nur Erfolg verspricht, sondern auch nachhaltigen Wohlstand schafft.

Ein 5-Euro-Schein und eine unerwartete Lektion

Es war ein ganz normaler Abend, der mein Leben auf unerwartete Weise verändern sollte. Die Kinder waren bereits im Bett, und die Stille des Hauses legte sich wie ein sanfter Schleier über den Raum. Meine Frau kam zu mir, mit einem Ausdruck auf dem Gesicht, der verriet, dass etwas auf ihrem Herzen lag. „Wir müssen über Mats sprechen", begann sie, „er hat ein Problem mit dir."

Ich war verblüfft. Ein Problem? Mit mir? Solche Momente kennst du vielleicht auch. Du stehst vor einem Rätsel, das du lösen möchtest, aber die Antwort scheint in weiter Ferne zu liegen. Ich drängte auf mehr Informationen, aber meine Frau schlug vor, dass ich am nächsten Tag selbst mit Mats sprechen sollte.

Die Nacht war unruhig. Meine Gedanken kreisten um Mats und das, was er gegen mich haben könnte. Am nächsten Morgen fand ich endlich die Gelegenheit, mit meinem Sohn zu sprechen. Seine Worte trafen mich hart: „Wenn du arbeitest, bist du doof. Aber wenn du zu Hause bist, bist du lieb. Wir könnten zusammenspielen. Aber du kommst immer so spät nach Hause, dass wir keine Zeit mehr zum Spielen haben."

Diese Worte von Mats trafen mich tief. Sie lösten eine Flut von Emotionen und Gedanken in mir aus. Wie viele von uns bin ich sensibel, wenn es um meine Familie geht, besonders um meine Kinder. Ich begann nachzudenken, wirklich nachzudenken, über die Auswirkungen meiner Abwesenheit auf meine Kinder, über die Zeit, die ich arbeitend verbrachte, und darüber, wie sehr sie mich vermissten.

In diesem Moment wurde mir klar, dass die Art und Weise, wie ich mein Leben und meine Arbeit gestaltete, nicht nur mich betraf. Sie hatte direkte Auswirkungen auf die Menschen, die ich am meisten liebte. Diese Erkenntnis war der Beginn einer tiefgreifenden Veränderung, die nicht nur mein Leben, sondern auch das meiner Familie umkrempeln sollte. Ein Wandel, der, wie ich später feststellen sollte, seinen Anfang bei einem unscheinbaren 5-Euro-Schein nahm.

Die Entscheidung für Unabhängigkeit und ein einfacher Trick

Es war das Jahr 2010, als meine Frau und ich uns entschieden, einen anderen Weg einzuschlagen. Wir wollten nicht, dass unsere Kinder aufwachsen und uns eines Tages sagen: „Papa, Mama, die Zeit ist abgelaufen. Ihr wart zu beschäftigt für uns." Dieser Gedanke allein war genug, um uns in Bewegung zu setzen. Wir strebten nach finanzieller Unabhängigkeit, nicht nur als Ziel, sondern als Lebensweise.

Diese Reise war kein einfacher Weg. Es erforderte Planung, Opfer und ein Umdenken in der Art und Weise, wie wir unser Geld betrachteten und verwalteten. Wir wollten unsere Zeit mit der Familie so planen, wie wir es für richtig hielten, nicht wie es unser Arbeitsleben vorgab.

Nun, lass mich zurückkehren zu dem unscheinbaren 5-Euro-Schein, der in dieser ganzen Gleichung eine unerwartete Rolle spielte. Es mag überraschen, aber dieser kleine Schein hat eine große Veränderung in unserem Money Mindset eingeleitet. Wir begannen, jeden 5-Euro-Schein, den wir in unserem Portemonnaie fanden, beiseitezulegen. Egal ob es einer, zwei oder mehr waren, jeder einzelne wurde für den Aufbau unseres Vermögens zurückgelegt.

Diese Methode, so einfach sie auch scheinen mag, veränderte grundlegend unsere Herangehensweise an Geld. Plötzlich wurde das Sparen zu einem Spiel, zu einer täglichen Herausforderung. Wenn ich beim Bäcker stand und ein Brötchen kaufte, zog ich bewusst den 10-Euro-Schein, um einen weiteren 5-Euro-Schein als Wechselgeld zu erhalten. Dieser einfache Trick hat nicht nur unser Sparverhalten verändert, sondern auch unsere Einstellung zum Geld.

Durch diesen kleinen, aber beständigen Schritt begannen wir, einen bedeutsamen Vermögensaufbau zu erleben. Was als kleines Spiel begann, wurde zu einem festen Bestandteil unseres Finanzplans. Diese Methode half uns nicht nur dabei, Geld zu sparen, sondern lehrte uns auch, den Wert des Geldes und das langfristige Denken in Bezug auf unsere finanzielle Zukunft zu schätzen.

Die Kunst des Vermögensaufbaus – Eine Familie verändert ihr Schicksal

Die Lektionen, die wir aus unserer Reise zur finanziellen Unabhängigkeit gelernt haben, wollten wir unbedingt an unsere Kinder weitergeben. Unser ältester Sohn hat bereits verstanden, warum wir jeden 5-Euro-Schein beiseitelegen. Dies ist mehr als nur eine Lektion im Sparen – es ist eine Lektion in Weitsicht, Disziplin und der Wertschätzung von Geld. Es geht darum, für die Zukunft zu planen und zu verstehen, dass kleine Schritte zu großen Zielen führen können.

Das Erreichen der finanziellen Unabhängigkeit hat uns ein Gefühl der Freiheit und des Triumphs gegeben. Es ist ein Gefühl, das schwer in Worte zu fassen ist, aber ich versuche es: Es fühlt sich grandios an.

Zu wissen, dass wir unsere Zeit und unser Leben nach unseren eigenen Vorstellungen gestalten können, ist unbezahlbar.

Meine Reise endet hier jedoch nicht. Ich habe mich entschlossen, mein Wissen und meine Erfahrungen zu teilen und andere auf ihrem Weg zur finanziellen Unabhängigkeit zu begleiten. Es ist erfüllend zu sehen, wie andere Unternehmer und Privatpersonen die gleichen Prinzipien anwenden und ihren eigenen Weg zu finanzieller Freiheit gehen.

Wenn du dieses Buch liest, bist du vielleicht auf der Suche nach Inspiration oder praktischen Ratschlägen, um deinen eigenen Weg zur finanziellen Unabhängigkeit zu finden. Ich möchte dir sagen: Es ist möglich. Der Weg mag unterschiedlich sein, die Herausforderungen individuell, aber das Ziel ist erreichbar. Wenn du mehr erfahren möchtest, wie du diesen Weg beschreiten kannst, zögere nicht, Kontakt aufzunehmen. Deine Reise zur finanziellen Freiheit könnte gerade begonnen haben.

Hendrik Kohake

Börsen-Mentor für motivierte Menschen, Investor, Shareholder und Vermögensverwalter des eigenen Depots

Träumst du von einer finanziellen Stabilität, die selbst in den turbulentesten Zeiten deine Gelassenheit bewahrt?

Dann errichte ein zweites Standbein, das dir jene Ruhe und Sicherheit schenkt, die es dir ermöglicht, dein Hauptgeschäft mit unbändiger Leidenschaft voranzutreiben.

Sehnst du dich nach finanzieller Ausgeglichenheit, um deine wahren Leidenschaften zu verfolgen? Ich bin an deiner Seite. Investiere lediglich eine Stunde pro Woche, und du wirst die innere Ruhe finden, die du redlich verdienst!

Besuche uns auf Familien-boerse.com oder lausche unseren inspirierenden Podcast-Folgen und starte heute deine Reise zur finanziellen Sicherheit.

LinkedIn: https://www.linkedin.com/in/hendrik-kohake/

Web: https://familien-boerse.com

Email: info@familien-boerse.com

Podcast NIGGEMANN TO GO: https://t1p.de/5qg3k

Ein Unternehmer auf Siegeszug: mit Leidenschaft und Visionskraft

von Meike Schneider

Stefan ist ein Vollblut-Unternehmer, der leidenschaftlich für seinen beruflichen Erfolg kämpft. Er ist gleichzeitig PR-Genie, Manager mit Weitblick und visionärer Unternehmer – ein Titan in der Geschäftswelt. Doch diese endlose Jagd nach Erfolg und Dominanz lässt ihm wenig Zeit, um strategisch an seinem Imperium zu arbeiten, anstatt nur im Tagesgeschäft gefangen zu sein.

Im Zentrum des Sturms: Teamführung mit Biss

Sein Team ist erstklassig, eine Truppe von auserwählten PR-Experten – kluge Köpfe, die er nicht nur schätzt, sondern als wahre Meister ihrer Kunst sieht. Stefan selbst steht jedoch als unersetzlicher Kern im Zentrum dieses Sturms, ein Leader, der alles antreibt. Seine Entscheidungen sind der Motor, und dieser Druck ist enorm. Jeder Tag ist eine Schlacht, die er mit strategischem Geschick gewinnt, auch wenn es ihn persönlich viel kostet. Sein Privatleben leidet, und der Traum vom Luxusleben, den er sich mit einem Umsatz von zwei Millionen Euro erhofft hat, scheint unerreichbar.

Die leise Stimme der Veränderung

Inmitten dieses Strudels aus Verpflichtungen und Verantwortungen, zwischen dem seltenen Klang des Lachens seiner Kinder und den tiefen Sehnsüchten seines Herzens, spürt Stefan, dass ihm etwas fehlt. Eine innere Stimme flüstert: „Es muss mehr geben als diesen Kampf."

Der Moment der Erkenntnis und die Wende

Der Wendepunkt kommt, als er Meike Schneider bei einem Vortrag erlebt. Auf einer Unternehmer-Veranstaltung spricht sie mit schonungsloser Klarheit über ihre eigenen Fehler als Unternehmerin. Fehler, die Stefan nur zu gut versteht. Sie berichtet von ihrer Scham, die BWA nicht richtig lesen zu können. Und wie sie so die Kontrolle über ihre Finanzen verloren, und die Verantwortung für ihr Geld an ihren Steuerberater abgegeben hat. Meike erzählt, wie sie im operativen Wahnsinn ihre eigenen Werte und Lebensvision aus dem Blick verloren hat. Und von einem Team, das Tag für Tag bei ihr auf der Matte steht mit Fragen, Entscheidungen und Terminen. Ein Team, das zu 100% von ihr abhängig ist. In jedem ihrer Worte erkennt sich Stefan wieder. Ein Schock, der ihm auch die Befreiung bringt.

In diesem Moment trifft Stefan eine Entscheidung, die sein Leben auf einen neuen Kurs bringen wird. Er beschließt, sich Meikes Mentorship zu sichern, um sein Unternehmen und Leben neu zu formen. Stefan begreift, dass es hier um mehr als Business geht – es geht um seinen Lebenstraum.

Liquidität: Der Schlüssel zum Königreich

Sein erster Schritt ist eine mutige Entscheidung für finanzielle Stärke und Liquidität. Stefan will, dass sein hart erkämpftes Geld endlich ihm gehört – im Business und im Leben. Und er holt sich die Verantwortung für seine Finanzen, und damit seine Wachstumsmöglichkeiten, von seinem Steuerberater zurück. Von Meike lernt er, dass die Kontrolle über die Finanzen nicht nur für mehr Sicherheit in schlechten Zeiten sorgt, sondern auch den ständigen Druck verringert. Es ist eine Entscheidung für Stabilität und Freiheit.

Vom PR-Fachmann zum visionären Unternehmer

Als nächstes entscheidet Stefan, sich aus dem Mikromanagement zurückzuziehen. Er überlässt die Details seinem Team und konzentriert sich auf das große Bild – eine Entscheidung, die ihm neue strategische Weiten eröffnet.

Werte und Vision: Das Fundament des Erfolgs

Aber es geht nicht nur um Geld und Projekte. Meike zeigt ihm auf, dass seine Werte und seine Vision das Fundament seines Erfolgs sein müssen. Er arbeitet hart daran, Klarheit über das zu gewinnen, was ihm wirklich wichtig ist. Er will ein Leben, das nicht nur aus Geschäftszahlen besteht, sondern auch aus Momenten des Glücks, der Nähe und der Verbundenheit mit seiner Familie. Stefan macht sich gemeinsam mit Meike auf die Reise, seine eigenen Werte – das, was ihm wesentlich ist – zu erkunden.

Der Schlüssel zu echtem Erfolg

Er versteht, dass seine Werte das Fundament für Fülle im Leben darstellen – ob im privaten oder unternehmerischen. Kein Wunder also, dass Stefans Entscheidung für seine Werte und den ganz eigenen Weg zu einer der bedeutendsten Entscheidungen in seinem Leben wird: Er erkennt, dass er zu oft Entscheidungen basierend auf den Erwartungen und Einflüssen von außen – von Kunden, Mitarbeitern und Partnern – getroffen hat. Jetzt setzt er seine Werte, seine Lebensmission und seine Vision als Kompass für seine Entscheidungen ein. Diese Klarheit gibt ihm die Kraft, sich von fremdbestimmten Pfaden zu lösen und seinen ganz eigenen Weg zu gehen.

Die neue Führung: Kraftvolle Delegation

Mit Meikes Unterstützung lernt Stefan, bewusstere Entscheidungen zu treffen. Sie stellt die richtigen Fragen, damit er bessere Entscheidungen treffen kann. Diese neue Herangehensweise verändert auch sein Team. Mit den zentralen Werten des Unternehmens als Leitlinie und den richtigen Fragen, die Stefan ihnen mit auf den Weg gibt, können auch seine Mitarbeiter Entscheidungen treffen, die im Einklang mit Stefans Vision stehen. Stefan delegiert jetzt nicht mehr Aufgaben, sondern die komplette Ergebnisverantwortung. Jetzt ist er nicht mehr das Nadelöhr, sondern der Kompass, der die Richtung vorgibt. Sein Team blüht auf, wird eigenständiger und effizienter. Und das Unternehmen erreicht eine ungeahnte Wertschöpfung und dadurch die Ziele, die Stefan vorgibt.

Unternehmer-Transformation: Mehr als Erfolg

Stefans Veränderung strahlt aus. Er zieht nicht nur bessere Geschäfte an, sondern auch ein Leben voller Freude und Erfüllung. Die bewusste Entscheidung für seine Familie ist der wichtigste Meilenstein. Er findet Zeit für seine Kinder, lacht und spielt mit ihnen, und sieht, wie seine eigene positive Energie sich in seinem Umfeld widerspiegelt. Das füllt Stefans Herz mit Freude und nährt seine Seele. Diese Entscheidung zeigt Stefan, dass echter Erfolg nicht nur in Zahlen und der BWA gemessen wird, sondern auch im Glück und der Zufriedenheit seiner Liebsten. Sein Unternehmen floriert nicht nur finanziell, sondern wird auch zu einem Ort, der seine Werte und Visionen widerspiegelt.

Im Spiegel der Veränderung

Eines Tages, als Stefan vor seinem Spiegel steht, erkennt er den Mann darin kaum wieder. Er ist immer noch der kraftvolle Unternehmer, aber nun auch ein Visionär, der seine Träume lebt. Er hat gelernt, dass echter Erfolg nicht nur in seiner Unternehmensbilanz erscheint, sondern auch in den glücklichen Augen seiner Kinder, in der Zufriedenheit seines Teams und in der Stärke seiner eigenen Vision. Stefan ist zu einem Unternehmer geworden, der nicht nur sein Unternehmen, sondern auch sein Leben meistert – mit Herz, Mut und einer klaren Vision.

Meike Schneider

Für ein WERTEvolles Leben

Meike Schneider, Herzblut-Unternehmerin und Inspirationsquelle, bringt mit ihren Systemen Dynamik in den Mittelstand und betont dabei die Balance von menschlichen Werten. Sie ist mehr als eine Mentorin; sie ist ein Motor für Veränderung und Erfolg, der alle Lebensbereiche umfasst – von finanzieller Fülle bis zu stabilen Beziehungen und Gesundheit. Meike motiviert dich, dein volles Potenzial auszuschöpfen, geschäftlich erfolgreich zu sein und gleichzeitig ein erfülltes Leben zu führen. Ihre Überzeugung: ‚Geschäftlicher Erfolg und familiäre Harmonie gehen Hand in Hand, wenn dein Unternehmen dir dient.'

LinkedIn: https://www.linkedin.com/in/meike-schneider/

Email: hallo@meike-schneider.de

Web: www.meike-schneider.de

Facebook: https://www.facebook.com/einWERTEvollesLeben

Investieren in Krypto-Märkte: Chancen im Web 3.0

von Corinna Reibchen

Trete ein in die Welt, in der sich das Unmögliche entfaltet, und erlebe mit mir, Corinna Reibchen, die sich rasant entwickelnde Landschaft der **Kryptowährungen und des Web 3.0.** Diese Welt mag auf den ersten Blick verschlossen und undurchdringlich wirken, aber ich versichere dir, sie ist prall gefüllt mit **unbegrenzten Möglichkeiten**, die nur darauf warten, von dir entdeckt zu werden.

Die Evolution des Internets: Von Web 1.0 zu Web 3.0

Lass uns einen Schritt zurücktreten und die bemerkenswerte Reise betrachten, die wir gemeinsam mit dem Internet angetreten sind. Die Anfänge mit Web 1.0 in den späten 90ern öffneten uns eine Tür zu einer Welt des Wissens und der Verbindung, die unser Leben für immer veränderte. Als dann das Web 2.0 ankam, veränderte es nicht nur die Art und Weise, wie wir Informationen konsumierten, sondern auch, wie wir interagierten, wie wir lebten und wie wir uns selbst ausdrückten. Große Namen wie Amazon und Google formten und beeinflussten unsere digitale Existenz und brachten uns in eine Ära, in der Plattformen die Macht über unsere Daten hatten.

Heute stehen wir an der **Schwelle zu Web 3.0**, einer Ära der Dezentralisierung, in der du, ich, wir alle, die **Kontrolle über unser digitales und finanzielles Schicksal zurückgewinnen**. Deine Coins, dein Vermögen – du hast die Zügel in der Hand. Deine Daten und dein digitales Vermögen sind dein privates Territorium, geschützt durch die robuste Technologie der Blockchain.

Diese Reise durch die Zeit zeigt uns nicht nur, wie weit wir gekommen sind, sondern auch, welch spannende Zukunft vor uns liegt. Ich möchte diese Begeisterung mit dir teilen, denn in dieser neuen Ära liegt die Macht der Investition und der Vermögensbildung direkt in **deinen Händen**.

Ein Universum voller Möglichkeiten

Stell dir eine Welt vor, in der Kryptowährungen und Non-Fungible Tokens (NFTs) nicht nur Währung oder Sammlerstücke sind, sondern **Schlüssel zu einer völlig neuen Form des Eigentums und der Wertanlage**. Diese Welt des Web 3.0 steckt noch in den Anfängen und belohnt diejenigen, die frühzeitig einsteigen, mit unglaublichen Möglichkeiten. NFTs öffnen dir nicht nur die Türen zu exklusiven Gemeinschaften, sie verbinden das Physische mit dem Digitalen und erweitern unser Verständnis von Besitz und Erlebnis.

Die Reise in das Web 3.0 ist wie das Betreten eines neuen Kontinents voller Versprechen und unentdeckter Schätze. **Es geht nicht nur um Technologie, sondern um einen kulturellen Umbruch**, der die Art und Weise, wie wir über Besitz, Wert und Gemeinschaft denken, grundlegend verändert. Diese Reise verspricht, unsere Vorstellungen von finanzieller und kreativer Freiheit zu erweitern und uns Möglichkeiten zu eröffnen, die früher undenkbar waren.

Jeder Schritt in dieser neuen Welt erfordert Mut, Neugier und die Bereitschaft, Althergebrachtes zu hinterfragen. **Es geht darum, mutig voranzuschreiten** und sich durch Bildung und Verständnis zu stärken. Gemeinsam können wir lernen, wie das Web 3.0, das **weit mehr als eine technische Innovation** ist, sich zu einem kulturellen Fortschritt entwickelt, der **jeden Aspekt unseres Lebens berührt**.

Jetzt ist es an der Zeit, die Tore weit zu öffnen. Wir stehen am Anfang einer **Revolution**, die unsere Vorstellungen von finanzieller Unabhängigkeit und digitaler Souveränität neu definiert. Wir sind Zeugen und Gestalter einer Welt, in der jeder von uns die Kontrolle über sein digitales und finanzielles Schicksal übernehmen kann.

Geldverdienen im Web 3.0: Wege des Wohlstands

In dieser sich entfaltenden Landschaft der Möglichkeiten, wo die alten Regeln nicht mehr gelten, ist es von entscheidender Bedeutung, nicht nur Zuschauer zu sein. Es geht darum, **aktiv Teil der Veränderung zu werden**. Als Unternehmerin bin ich täglich von der transformativen Kraft von NFTs beeindruckt, die **nicht nur ein Mittel zur Finanzierung**, sondern auch zum Aufbau einer Gemeinschaft sind. Stell dir vor, du könntest dein eigenes Projekt nicht nur ins Leben rufen, sondern auch mit einer Gemeinschaft teilen, die es unterstützt und nährt. **Diese Vision wird durch NFTs zur Realität** und zeigt, dass es in dieser neuen Ära weniger um das einzelne Individuum und mehr um das kollektive Wachstum geht.

In der Welt des **Krypto-Tradings** fokussiere ich mich auf **nachhaltigen Vermögensaufbau**. Es ist ein Bereich, der nicht nur großen Investoren offensteht, sondern auch dir. Du hast die Möglichkeit, in Instrumente zu investieren, die sich parallel zu traditionellen Anlagen entwickeln und dir eine **faszinierende Alternative** in unserer diversifizierten Finanzlandschaft bieten. Diese Anlagemöglichkeiten sind vielversprechend und **zugänglich für jeden**, der bereit ist, den ersten Schritt zu wagen.

Dein Weg in die Krypto-Welt

Die Welt der Kryptowährungen mag zunächst ein Labyrinth voller Rätsel und Unbekanntem erscheinen.

Doch keine Angst – ich bin hier, um dich sicher durch dieses Dickicht zu führen. Meine **Masterclass** ist dein Leuchtturm in der schillernden, aber oft verwirrenden Welt des Kryptohandels.

In dieser intensiven Masterclass wirst du das nötige Rüstzeug erhalten – das Wissen und die Werkzeuge, um die Chancen und Risiken des Krypto-Marktes zu navigieren und nicht in Fallen zu tappen. Ich werde dir zeigen, wie du **kluge Investitionsentscheidungen triffst, Marktrisiken abwägst** und dein Portfolio strategisch aufbaust.

Stell dir vor, du hättest einen Schlüssel zu einem verborgenen Schatz – das ist es, was eine solide Bildung im Krypto-Bereich dir bietet. Sie schärft deinen Verstand für die Nuancen des digitalen Geldes und bereitet dich darauf vor, **im dynamischen Umfeld des Web 3.0 erfolgreich zu sein**.

Ich würde mich freuen, dich auf diesem aufregenden Pfad zu begleiten. Gemeinsam werden wir tief eintauchen und die grenzenlosen Möglichkeiten des Web 3.0 erkunden. Lasst uns gemeinsam das Tor zu einem Zeitalter aufstoßen, das gekennzeichnet ist von finanzieller Freiheit und persönlichem Wachstum.

Bist du bereit, dich mir anzuschließen? Lass uns Seite an Seite in die Zukunft schreiten, gewappnet mit Wissen und bereit, die Chancen zu ergreifen, die das Web 3.0 bietet. Ich stehe bereit, um dich zu unterstützen, damit du nicht nur überleben, sondern florieren kannst.

Mach dich bereit, den ersten Schritt zu tun und ein aktiver Teil der bahnbrechenden Veränderung zu werden, die unsere Welt neu gestalten wird. Schließe dich mir an und entdecke die vielfältigen Möglichkeiten, die das Web 3.0 für uns alle bereithält. Es ist an der Zeit, die Türen zu einem neuen Zeitalter der **finanziellen Freiheit und des Wachstums** zu öffnen.

Corinna Reibchen

Pionierin in Krypto & Web 3.0, Mentorin und Speakerin

Corinna Reibchen steht an der Spitze der Kryptowährungs- und Web 3.0-Revolution, mit einem Fuß fest im traditionellen Banking und dem anderen im digitalen Asset-Management. Als erfahrene Bankerin und Kryptostrategin bietet sie einzigartige Einblicke und eröffnet innovative Wege für Investments in dezentralisierte Märkte. Ihre Workshops und Kurse zielen darauf ab, Profis und Unternehmen das Rüstzeug für den erfolgreichen Einstieg in Kryptowährungen zu geben, unterstützt von ihrer umfassenden Erfahrung und einem klaren Verständnis für die Zukunft der Finanzen.

LinkedIn: https://www.linkedin.com/in/corinna-reibchen/

Web: https://www.wealthbuildinglab.io/krypto-web3-masterclass

Email: cr@wealthbuildinglab.io

Strategische Führung: Das Ruder in der Hand

Strategische Führung: Das Ruder in der Hand

Strategische Vermögenssicherung für Familienunternehmen: Mit Weitblick und Kompetenz zur finanziellen Unabhängigkeit

von Klaus Jürgen Grimm

Klaus Jürgen Grimm, Gesellschafter/Geschäftsführer der Benefit Vermögensmanagement GmbH & Co. KG, bringt sein umfassendes Wissen und über 35 Jahre Erfahrung in der Beratung von Familienunternehmen ein. Er zeigt auf, wie Vermögensbildung und strategisches Finanzmanagement weit über das eigene Unternehmen hinausgehen müssen, um finanzielle Unabhängigkeit zu gewährleisten. Grimm betont die Bedeutung von Rücklagenbildung und Steueroptimierung und lädt Unternehmer ein, aus ihrer Steuerlast eine „Steuerlust" zu machen, indem sie strategisch handeln. Steuern werden zu Privatvermögen und laufenden Einnahmen.

Liebe Unternehmerinnen und Unternehmer,

mein Name ist Klaus Jürgen Grimm, und ich bin Gesellschafter/Geschäftsführer der Benefit Vermögensmanagement GmbH – einem Unternehmen, das sich dem **strategischen Finanzmanagement und der Vermögensberatung für Familienunternehmen** verschrieben hat. Mit über **35 Jahren Erfahrung** unterstütze ich Unternehmerfamilien dabei, **finanzielle Klarheit und wirtschaftliche Unabhängigkeit** zu erlangen. Ich lade Sie heute ein, gemeinsam mit mir einen Weg kennenzulernen, der nicht nur Ihre unternehmerische Vision stärkt, sondern auch Ihr **Privatvermögen sichert.**

Stellen Sie sich vor, Sie könnten Ihr Unternehmen morgen Ihren Kindern übergeben oder es schließen und Sie können Ihr Leben weiterhin in Wohlstand genießen. Empfinden Sie das als unrealistisch? Dann sind Sie damit nicht allein. Doch das muss nicht so sein. Viele Unternehmer **unterschätzen ihr Gesamtvermögen um 30 bis 40 Prozent**. Genau hier setzen wir an.

Die Benefit Finanz- und Vermögensanalyse hilft Ihnen, einen Detailblick auf Ihr gesamtes Vermögen zu bekommen. Darüber hinaus erfahren Sie, was Sie damals wirklich abgeschlossen haben und welche Wirkungen daraus entstehen. So können Sie verstehen, Ihr Vermögen realistisch einzuschätzen und zukunftssicher zu machen.

Unsere Klienten kommen häufig mit Umzugskisten voll von Ordnern und Dokumenten zu uns, mit der Überzeugung, dass alles korrekt verbucht sei, aber ohne tatsächliches Verständnis, was sie damals abgeschlossen haben. Bei Benefit Vermögensmanagement erhalten Sie aus dem Dschungel der Zahlen und Produkte einen **verständlichen Gesamtüberblick über Ihr Vermögen** und Ihre Einnahmen und Ausgaben = **ihre Liquidität** und das **AUF EINEM BLATT**!

Diese Information bringt Ihnen Klarheit darüber, was Sie besitzen und Sie erkennen, wie Sie dieses Wissen nutzen können, um Ihr **Vermögen** und Ihre **Unabhängigkeit aktiv zu steuern.**

Die wirtschaftliche Lage ist volatil, und keine Erfahrung aus der Vergangenheit kann uns vollständig auf die Herausforderungen der Zukunft vorbereiten. Die Staatsverschuldungen steigen ins uferlose, die Inflation ist zweistellig, und die Börsenmärkte sind unberechenbar. In solchen Zeiten ist es unabdingbar, nicht nur in das eigene Unternehmen zu investieren, sondern auch **Vermögen aufzubauen, das**

unabhängig vom eigenen Geschäft besteht. Benefit Vermögensmanagement ist Ihr **strategischer Partner**, der Ihnen nicht nur zu finanzieller Entspannung verhilft, sondern auch dazu, dass Sie in jeder Wirtschaftslage sicher sind.

Wir tragen dazu bei, dass Sie als Unternehmer Ihre **finanzielle Position verstehen und strategisch ausbauen**. Unsere Klienten schätzen die dadurch gewonnene Transparenz und das Vertrauen, das wir in ihre finanzielle Zukunft bringen.

Ich möchte an dieser Stelle auf ein zweites Thema eingehen, das viele von uns beschäftigt: Die **Steuerlast**. Hierbei präsentiere ich, wie **wir diese Last in Lust verwandeln können**, indem wir strategische Finanzentscheidungen treffen, indem wir die Steuerlandschaft nicht nur als Herausforderung, sondern auch als Chance begreifen, mit der wir gemeinsam erstaunliche Ergebnisse erzielen können.

Durch unsere Zusammenarbeit mit bewährten, strategischen Kooperationspartnern und innovativen Steuerberatern haben wir Möglichkeiten geschaffen, die **Steuerlast signifikant zu reduzieren und mit** wirtschaftlich sinnvollen Investitionen ins Privatvermögen retten. Dies erlaubt unseren Klienten, nicht nur Steuervorteile zu genießen, sondern auch ihre Altersvorsorge und Vermögensbildung zu sichern und an die nächste Generation weiterzugeben.

Sie sehen, wir reden von **ganzheitlicher Beratung** und den Vorteilen, die sich aus einer strategischen, langfristigen finanziellen Planung ergeben. Wir von Benefit Vermögensmanagement verstehen uns nicht nur als Ihre Berater, sondern als Ihre **Partner auf Ihrem Weg**.

Lassen Sie uns Strategisches Finanzmanagement für Unternehmerfamilien doch mal mit einem Schachspiel vergleichen! Was haben beide gemeinsam?

Man sollte genau wissen, welche Figuren (Produkte oder Dienstleistungen) für das Spiel vorhanden sind und was sie können, sprich, welchen Nutzen sie bringen können. Dann braucht man stets den aktuellen Überblick über das gesamte Spielfeld und überlegt sich seine eigene Taktik für die nächsten 5 – 7 Spielzüge. Optimal ist es, sogar noch die mögliche Strategie des Gegenspielers **zu erkennen und darauf reagieren zu können**.

Wenn wir neue Kunden fragen, wie hoch denn ihr Gesamtvermögen ist, dann **verschätzen sie sich i.d.R. um 30 – 40% zu ihren Ungunsten!** Es ist ein riesiger Unterschied ob eine Unternehmerfamilie mit zwei Kindern ein Gesamtvermögen von 3 oder 5 oder 7 Mio. € hat. Da entstehen ganz andere Fragen und Aufgabenstellungen. Klarheit verschafft die Benefit Finanz- und Vermögensanalyse über die Zahlen, Daten und Fakten. Darüber hinaus werden auch die vorhandenen Produkte inhaltlich erklärt.

Viele Anleger sind in Bezug auf Anlageprodukte vergleichbar mit „ungelernten Kräften" und verdienen mit Ihren Anlagen entsprechend wenig.

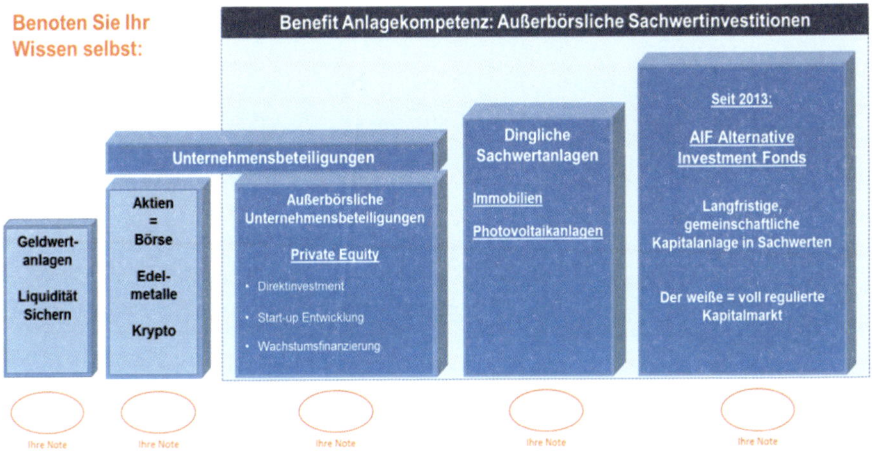

Wir nehmen uns gerne die Zeit für unsere Kunden und unterstützen, **das notwendige Anleger-Know-how aufzubauen**. Wenn dann der Kunde „reif" ist, **wird** er entspannt die richtigen strategischen Entscheidungen treffen.

Lassen Sie uns tiefer in die Welt der strategischen Vermögensbildung eintauchen. Jedes Unternehmen hat seine eigenen, individuellen Stärken und Schwächen, und es ist unsere Aufgabe, diese zu identifizieren und in einen Plan einzubinden, der das Vermögen stärkt und Schwächen minimiert. **Wir arbeiten eng mit Ihnen zusammen**, um sicherzustellen, dass Ihre Investitionen und Finanzentscheidungen mit Ihren persönlichen Zielen und dem Wohl Ihres Unternehmens im Einklang stehen.

Hier einige Punkte, die in unseren Beratungen zentral stehen:

1. **Risikomanagement:** Das Erkennen und Managen von finanziellen Risiken ist essentiell, um Ihr Vermögen zu schützen. Wir helfen Ihnen, die Risiken zu verstehen und abzusichern, seien es Marktrisiken, Kreditrisiken oder operationale Risiken.

2. **Vermögensstrukturierung:** Gemeinsam mit Benefit können **SIE** eine **strategische Aufteilung Ihres Vermögens** auf verschiedene Investmentmöglichkeiten erreichen um damit Risiken zu streuen und die Rendite zu optimieren. Dabei beachten wir stets Ihre persönliche Entwicklungsbereitschaft und Ihre langfristigen Ziele.

3. **Nachfolgeplanung:** Die Sicherstellung einer erfolgreichen Unternehmensnachfolge ist oft eine große Herausforderung für Familienunternehmen. Wir unterstützen Sie dabei, **den Familienfrieden zu bewahren,** einen reibungslosen

Übergang zu gestalten und dabei steuerliche Aspekte zu optimieren.

4. **Steueroptimierung: Durch eine vorausschauende Planung können steuerliche Belastungen genutzt und in Privatvermögen umgelenkt werden**. Dies ist ein integraler Bestandteil unserer Beratung und stärkt Ihre **wirtschaftliche Unabhängigkeit von Ihrem Unternehmen**.

5. **Liquiditätsplanung:** Die Aufrechterhaltung einer gesunden Liquidität ist für jeden Unternehmer lebenswichtig. Wir unterstützen Sie, ungenutztes Potential zu erkennen, zu nutzen und die Liquidität Ihres Unternehmens langfristig zu fördern.

6. **Investitionsstrategie:** Sie erfahren, eine Investitionsstrategie zu entwickeln, die zu Ihnen passt und Ihre finanziellen Ziele unterstützt.

7. **Kontinuierliche Betreuung:** Nichts ist so beständig, wie der Wandel!

Wir sind gerne an Ihrer Seite und begleiten Sie kontinuierlich, Ihre Strategie an neue Gegebenheiten immer wieder anzupassen.

Unsere Philosophie: Wir verstehen uns als **„ausgelagertes BackOffice für strategisches Finanzmanagement“**. Sie erleben das beruhigende Gefühl, immer den Gesamtüberblick zu haben und daraus strategische Entscheidungen treffen zu können. Sie konzentrieren sich auf das, was Sie am besten verstehen und Ihnen Spaß macht: **Ihr Unternehmen zu führen und Ihre Visionen zu verwirklichen.**

Wir alle wissen, dass eine erfolgreiche Vermögensberatung auch immer **eine hohe Vertrauenssache** ist. Deshalb ist es unser oberstes Gebot, dass **Sie verstehen müssen,** wo Sie aktuell stehen, wo Sie hinwollen und welche Möglichkeiten aktuell generell für Sie sinnvoll sind. Erst wenn Sie das verstanden haben, ermitteln wir gemeinsam die passenden Produkte und erklären, wodurch bei diesen die Rendite entsteht.

Meine Empfehlung: Seien Sie neugierig und kreativ und nutzen Sie ein Gespräch mit mir als möglichem „Sparringspartner“. Lassen Sie sich überraschen, wenn Sie dabei selbst spüren, wo bei Ihnen der Schuh überall wirklich drückt!“

Ich freue mich auf Sie und eine, für alle Beteiligten erfolgreiche Zusammenarbeit und lade Sie herzlich zu einem **30-minütigen kostenlosen Telefonat** ein. Besuchen Sie unsere Website und buchen Sie Ihren Wunschtermin direkt über den Link.

Mit herzlichen Grüßen aus Ansbach

Ihr Klaus Jürgen Grimm, Benefit Vermögensmanagement GmbH & Co. KG

Klaus Jürgen Grimm

Klaus Jürgen Grimm ist ein renommierter Experte im strategischen Finanzmanagement für Unternehmerfamilien mit über 35 Jahren Erfahrung in Vermögensanalysen und intelligenten Anlagestrategien.

Mittels professioneller Vermögensanalysen und seiner ausgiebigen Kenntnis von Produkten und Marktbedingungen befähigt er seine Kunden, das notwendige Know-how zu erwerben, um das eigene Vermögen – oft unterschätzt um 30 bis 40% – zu optimieren und strategische Entscheidungen treffen zu können.

LinkedIn: https://www.linkedin.com/in/klausgrimmbenefit/

Web: https://benefit-vm.com

Email: office@benefit-vm.com

Hinter den Kulissen des Geldes: Banken, Staat und die versteckten Wahrheiten

von Immo Heinrich

In einer Welt, in der Finanzen oft hinter komplexen Begriffen und verschleierten Absichten versteckt werden, bringt Immo Heinrich Licht ins Dunkel. Sein Markenzeichen ist die Direktheit, eine Sprache, die Klartext spricht – Tacheles, um genau zu sein.

Seine Expertise in den Bereichen Vermögen und Steuern ist nicht nur fundiert, sondern auch unkonventionell und von einer erfrischenden Authentizität geprägt. Immo scheut sich nicht, die Mechanismen offenzulegen, die manche lieber im Schatten halten würden. Er ist ein Meister darin, geniale Lösungsansätze zu präsentieren, die nicht nur auf dem Papier bestechen, sondern in der realen Welt funktionieren – und dass alles, während er tief verankerte Überzeugungen mit Charme und Charisma in Frage stellt.

Doch eine Warnung sei ausgesprochen: Wenn du dich auf Immo Heinrich einläßt, dann solltest Du bereit sein für eine intellektuelle Achterbahnfahrt, die deine bisherigen Annahmen über den Haufen werfen könnten. In diesem Beitrag heben wir den Vorhang für einen Mann, dessen Vorträge das Potenzial haben, nicht nur zu informieren, sondern zu transformieren. Stelle dich darauf ein, dass dein Verständnis von Vermögen und Steuern nach der Begegnung mit Immo Heinrichs Ideen ein anderes sein könnte. Bühne frei für einen Finanzexperten, der es wagt, gegen den Strom zu schwimmen und der Welt zu zeigen, wie Vermögensaufbau wirklich funktioniert.

Willkommen in der Gedankenwelt von Immo Heinrich.

Die Illusion des sicheren Vermögens und der Weg zur finanziellen Festung

Inmitten des schimmernden Lichts einer einfachen Lampe beginnt unsere Geschichte – eine Geschichte, die auf den ersten Blick nur von Licht und Schatten zu erzählen scheint. Doch schauen wir genauer hin, offenbart sich eine Metapher, die sich tief in unsere Realität gräbt: die Frage nach der Illusion und Realität unserer finanziellen Sicherheit. „Das hier ist eine Lampe. Diese Lampe scheint. Sag mal, lebst du möglicherweise auch in einer **Scheinwelt**? Oder lebt die Scheinwelt in uns? Oder lebe nur ich in einer Scheinwelt?

Viele Menschen haben ein Vermögen aufgebaut, ein Vermächtnis vieler Jahre harter Arbeit. Doch in den Händen von Bankvorständen und politischen Entscheidungsträgern wird unser Erspartes zu einer Schachfigur in einem größeren Spiel, das hinter den Kulissen gespielt wird. **„Wie retten wir das Geldsystem? Wie holen wir uns das Geld der Bürger?“** Dies sind die kritischen Fragen, die gestellt werden, und es sind Fragen, die letztendlich unsere persönliche ökonomische Zukunft formen könnten.

Der zweite Aspekt, der in den geheimen Sitzungen zum Tragen kommt, ist die Fassade der Sicherheit, die die Institutionen des Geldes aufrechtzuerhalten versuchen. **„Wie lange halten wir die Menschen im Glauben, dass die Banken sicher sind?“** Und schließlich, wenn das Geld einmal gesichert ist, wie wird dann die bestehende Ordnung erhalten? **„Wenn wir das Geld einkassiert haben, wie halten wir unsere regierungs- und bankenseitige Scheinwelt am Laufen – ohne Rücksicht auf den einen oder anderen?“**

Ist die Empörung gerechtfertigt und **fühlen wir uns alle betrogen**, wenn es den Anschein hat, als ob Banken, Versicherungen und der Staat als einzige Profiteure erscheinen? In diesem Kontext bietet die **Vermögensmacht-Methode** eine rettende Hand. Diese Methode, die in drei Phasen gegliedert ist, verspricht einen Weg, um das, was wir aufgebaut haben, zu retten und zu bewahren.

Die erste dieser Phasen beschäftigt sich mit dem Konzept der **Einheit** zwischen uns und unserem Vermögen. Ich kam in den Kindergarten, da sagte einer: „Du Immo: Dir wird das Lachen vergehen." Ich dachte mir: Ich nehme eine Banane mit und grinse mir einen ab den ganzen Tag, und du kannst mich mal. Diese Anekdote lehrt uns, dass Einheit nicht nur Stärke bedeutet, sondern auch die Resilienz, die aus dem Selbstbewusstsein und der Selbstsicherheit erwächst. **„Wie Kannst du eine Einheit mit dir und deinem Vermögen bilden, ohne dass es angreifbar ist und unantastbar bleibt?"** Diese Frage steht im Zentrum unserer Reise zur finanziellen Festung.

Diese ersten Gedanken legen den Grundstein für eine tiefergehende Auseinandersetzung mit der finanziellen Selbstverteidigung, eine Auseinandersetzung, die uns aus der Scheinwelt in die Wirklichkeit führen wird, wo unser Vermögen nicht nur ein Spiegelbild unserer Arbeit ist, sondern auch unserer Weisheit und unserer Fähigkeit, es zu schützen.

Die Klarheit der Ziele und die Überwindung von Hürden

Der Weg zur finanziellen Selbstbestimmung ist kein geradliniger Pfad, sondern eine Reise, die mit Hindernissen und Herausforderungen gepflastert ist. So wie wir aus dem Kindergartenalter in die komplexeren Strukturen des Schulsystems übergehen, so müssen wir auch im zweiten Schritt unserer Vermögensverteidigung fortschreiten – hin zur **Klarheit** über unsere Ziele und Bestrebungen.

Die Schulzeit präsentiert sich oft als ein Mikrokosmos der größeren Gesellschaft, in der wir leben, und nicht selten sind es Hänseleien und Spott, die uns prägen. Da gab es so eine **Mobbingbande**, die mir das Leben schwer gemacht hat – unter anderem wegen meiner **Aschenbecherglas-Brille** und meiner durchaus gelebten Körperfülle. Diese persönlichen Angriffe führten zu einer zentralen Frage: „Warum gehst du dahin? Und was machst du da eigentlich den ganzen Tag? Es kommt doch nichts dabei raus, außer Ärger und so weiter?" Ähnlich verhält es sich mit unserem Vermögen. Wir müssen uns fragen, was wir tagtäglich tun, um es zu mehren und zu schützen.

Das führt uns zur zweiten wichtigen Frage: **„Welche Ziele verfolgst du mit deinem Vermögen? Was soll damit passieren?"**

Die Klarheit über unsere finanziellen Ziele ist entscheidend. Ob es darum geht, für die eigene Zukunft vorzusorgen, die Familie abzusichern oder in eine Immobilie zu investieren, jedes Ziel verlangt eine angepasste Strategie. Diese Klarheit zu gewinnen bedeutet, sich nicht von den Mobbingbanden des Lebens unterkriegen zu lassen, sondern mit erhobenem Haupt seine eigenen Wege zu gehen.

Die anschließende Phase meines Lebens führte mich in die Welt des Theaters, wo ich trotz aller Widrigkeiten – ein **14-jähriger Junge im Stimmbruch – als weibliches Christkind** eine wichtige Rolle spielte. Die Theatergruppe stand kurz vor dem Niedergang, und wir standen vor der Herausforderung, eine **Stabilitätsstrategie** zu entwickeln. Diese Erfahrung lehrt uns, dass selbst, wenn die Umstände gegen uns zu sein scheinen, die Entwicklung einer klaren Strategie der

Schlüssel zum Erfolg ist. Es ist ein Prinzip, das sich nahtlos auf die Vermögenssicherung übertragen lässt.

„Was ist deine Stabilitätsstrategie für dein Vermögen?" ist die Frage, die sich nahtlos an die Klarheit der Ziele anschließt. Es ist der Aufbau eines Plans, der nicht nur die Bewahrung, sondern auch die Mehrung des Vermögens in Zeiten der Unruhe sicherstellt. So wie ich mich gegen die Hänseleien und das Schicksal durchsetzen musste, müssen wir alle eine finanzielle Strategie entwickeln, die uns durch die Unvorhersehbarkeiten des Lebens trägt.

Dieser zweite Teil unserer Geschichte vermittelt die Einsicht, dass die klar definierten Ziele und die Entwicklung einer robusten Strategie die Säulen sind, auf denen die Unantastbarkeit unseres Vermögens ruht. Sie sind der Schlüssel, um über die Mobbingbanden der finanziellen Unsicherheit zu triumphieren und unsere eigene, stabile Bühne des Wohlstands zu errichten.

Meister der Spielregeln – Die finale Strategie

Im abschließenden Kapitel unserer Reise zur finanziellen Unantastbarkeit geht es darum, das Spielfeld zu beherrschen und nicht nur ein Spielstein in den Händen anderer zu sein. Es geht darum die **Spielregeln zu meistern**, die von systemrelevanten Unternehmen und den wirtschaftlichen Großmächten festgelegt wurden. Wie kann man sich diese Regeln zu eigen machen? Wie kann man sich das Feld, auf dem die großen Spieler agieren, zu Nutze machen?

„Wie kannst du die Strategien der systemrelevanten Unternehmen so für dich nutzen, dass dein Vermögen genauso sicher, gefördert und steuerlich optimiert ist wie das der großen Player?"

Diese dritte und letzte Frage leitet uns zu der Erkenntnis, dass wahre finanzielle Stärke nicht darin besteht, sich dem System zu unterwerfen, sondern zu verstehen, wie es funktioniert und es für die eigenen Ziele zu nutzen.

Die Antwort liegt in der **Anpassungsfähigkeit** und der **Innovationsbereitschaft**. Genau wie systemrelevante Unternehmen müssen wir lernen, flexibel auf Veränderungen zu reagieren, die richtigen Technologien und Methoden für unsere Zwecke einzusetzen und die gesetzlichen Rahmenbedingungen zu unserem Vorteil zu interpretieren. Es bedeutet, proaktiv zu sein, anstatt reaktiv, und sich Wissen anzueignen, das über die Grundlagen hinausgeht.

Indem du diese drei Fragen für dich beantworten kannst, wechselst du von einer passiven zu einer aktiven Rolle. **„Dann bist du nicht mehr der Spielball der großen Vermögensverwalter, Banken und des Staates – dann spielst du das Spiel nach deinen Regeln."** Dies ist der Moment, in dem du nicht mehr in einer Scheinwelt lebst oder sie in dir trägst, sondern die Scheinwelt für dich arbeiten lässt.

Die abschließende Weisheit unterstreicht die Dringlichkeit und die Macht des Wissens: **„In fünf Minuten kann sich alles ändern – wenn du weißt, wie."** Diese Worte sind nicht nur ein Ruf zum Handeln, sondern auch eine Ermunterung, sich das erforderliche Wissen anzueignen, um die Kontrolle über sein Vermögen zu erlangen und zu bewahren.

Durch das Durchlaufen der Phasen von Einheit, Klarheit und das Meistern der Spielregeln wird klar, dass finanzielle Unantastbarkeit kein ferner Traum ist, sondern ein erreichbares Ziel für diejenigen, die bereit sind, sich mit den Mechanismen der Finanzwelt auseinanderzusetzen und diese zu ihrem Vorteil zu nutzen. Dieser dritte Teil meines Buchbeitrages rüstet dich mit dem nötigen Rüstzeug aus, um nicht nur die Scheinwelt zu durchschauen, sondern auch um die Regeln zu drehen und ein **Vermögen aufzubauen**, das standhaft und wirkungsmächtig ist – **so wie DU es bestimmst.**

Immo Heinrich

Mentor für #Förderung #Vermögen #Steuern

Immo Heinrich ist ein erfahrener Finanzstratege, der sich mit seiner klaren, unverblümten Rhetorik und seinem tiefgreifenden Wissen über Vermögensbildung und Steuern hervortut. Mit seinen provokanten, aber effektiven Methoden fordert er konventionelle Sichtweisen heraus und bietet praxisnahe Lösungen für den Aufbau und die Sicherung von Vermögen. Heinrichs Ansätze sind geprägt von Authentizität und dem Mut, gegen den Strom zu schwimmen.

LinkedIn: https://www.linkedin.com/in/immo-heinrich/

Web: https://immoheinrich.com

Email: i.heinrich@umzev.de

Termin: https://calendly.com/umzev/personliches-gesprach-mit-immo-heinrich-klon

Zwischen Werten und Emotionen: Ein Leitfaden zur Unternehmensnachfolge und -bewertung

von Dr. Heribert Warken

Unser Weg führt uns nun zu einem Thema von enormer Tragweite für mittelständische Unternehmen: die Nachfolgeplanung und Bewertung des Lebenswerks eines Unternehmers. In diesem komplexen und oft emotional aufgeladenen Feld ist Dr. Heribert Warken eine feste Größe. Als Wirtschaftsprüfer und vereidigter Sachverständiger für Unternehmensbewertung bietet er nicht nur eine sachliche Expertise, sondern auch ein tiefes Verständnis für die zwischenmenschlichen Herausforderungen, die bei der Übergabe von Unternehmen auftreten können.

In seiner langjährigen Praxis hat Dr. Warken zahlreiche Unternehmerinnen und Unternehmer durch die Untiefen der Unternehmensnachfolge geleitet. Mit akribischer Sorgfalt und strategischem Weitblick adressiert er die vielfältigen Aspekte, die eine faire und zukunftssichere Unternehmensbewertung ausmachen. Seine Arbeit spiegelt die Überzeugung wider, dass hinter jedem Geschäft nicht nur Zahlen und Verträge, sondern auch Menschen und ihre Schicksale stehen.

Dieses Kapitel gibt Einblick in Dr. Warkens umfangreiche Erfahrungen und zeichnet einen Wegweiser für jene, die sich auf die Reise der Unternehmensübergabe begeben. Es dient als Leitfaden, der die sachlichen und emotionalen Komponenten dieser kritischen Unternehmung beleuchtet und zielführende Lösungen aufzeigt.

Die Grundsteine der Unternehmensnachfolge

Die Welt der Unternehmensnachfolge und -bewertung ist ein komplexes Feld, das kaum in wenigen Minuten umfassend behandelt werden kann. Doch die Herausforderung reizt, und so soll versucht werden, das Wesentliche zu komprimieren und verständlich zu machen.

Die Auseinandersetzung mit dem Thema Unternehmensnachfolge verlangt nach einem klaren Rahmen. In der Praxis hat sich eine einfache, jedoch tiefgreifende Formel als Orientierung bewährt: die Zahlenfolge drei, vier und eins. Diese dient als gedankliches Gerüst für die anstehenden Ausführungen.

Drei Gründe für die Unternehmensübergabe

Die Übergabe eines Unternehmens ist ein entscheidender Moment, der nicht nur das Schicksal der Firma, sondern auch das Leben der Beteiligten maßgeblich prägt. Drei Hauptmotive führen regelmäßig zu dieser Zäsur:

1. **Familiäre Nachfolge:** Viele Unternehmer träumen davon, ihr Lebenswerk an die nächste Generation weiterzureichen – an Kinder oder Enkel. Diese Weitergabe ist nicht nur ein wirtschaftlicher Akt, sondern auch ein familiäres Vermächtnis.

2. **Interne Übertragung:** Eine weitere Form der Nachfolge ist die Übergabe an leitende Mitarbeiter, die oft über Jahre hinweg das Unternehmen mitgeprägt haben. Diese Art der Übergabe sichert die Kontinuität und nutzt das im Unternehmen vorhandene Management-Know-how.

3. **Der Exit:** Schließlich gibt es den Exit, bei dem der Unternehmer entscheidet, das Unternehmen zu verkaufen oder aufzulösen. Dies kann die Suche nach neuen Herausforderungen oder die Realisierung finanzieller Werte motivieren.

Diese Triade der Übergabegründe bildet das Fundament, auf dem die weiteren Schritte der Unternehmensnachfolge aufgebaut werden.

Das Vier-Phasen-Modell der Unternehmensnachfolge

Erste Phase:
Die Ist-Analyse und die Bedeutung von Vollmachten

Eine sorgfältige Ist-Analyse bildet die erste Phase jeder Unternehmensnachfolge. Hierbei ist es entscheidend, den aktuellen Vermögensstand präzise zu erfassen. Ein kritischer, oft unterschätzter Aspekt sind Vollmachten. Diese stellen sicher, dass im Falle einer Handlungsunfähigkeit des Geschäftsführers und Alleingesellschafters das Unternehmen weitergeführt werden kann. **Es ist daher von größter Wichtigkeit, Vorsorge- und Patientenvollmachten sowie Generalvollmachten rechtzeitig zu klären.** Diese präventiven Schritte gewährleisten die Kontinuität des Unternehmens und dürfen in der Planung nicht fehlen.

Zweite Phase:
Strategische Überlegungen und Unternehmenswert

Die zweite Phase ist geprägt von der Frage: Wie soll die Übergabe konkret gestaltet werden? **Hier steht insbesondere die Bewertung des Unternehmens im Fokus, denn sie bildet die Basis für alle weiteren Überlegungen.** Es gibt nicht „den einen" Unternehmenswert oder „das eine" Verfahren zur Bewertung, sondern eine Vielzahl legitimer Methoden, die zu unterschiedlichen, doch gleichermaßen korrekten Werten führen können. Abhängig davon, wie der Wert beeinflusst werden soll, ergibt sich die Art der Übertragung. Zudem sollte die mögliche Trennung von Privat- und Geschäftsvermögen sowie die damit verbundenen steuerlichen Konstruktionen frühzeitig bedacht werden, um die gewünschten finanziellen und steuerlichen Ziele zu erreichen.

Die Verbindung von Unternehmensnachfolge und Familienbanden

Nachdem diese Vorstrukturierungen und strategischen Planungen erfolgt sind, ist es essentiell, das Gespräch mit potenziellen Nachfolgern zu suchen – insbesondere mit Kindern, falls eine familieninterne Übergabe geplant ist. Das Gespräch zwischen Eltern und Kindern hat eine bindende Kraft und sollte die Intentionen klar vermitteln, um späteren Auslegungsfragen vorzubeugen. Die Erfahrung lehrt, dass letzte Willensbekundungen der Eltern oftmals eine große Verbindlichkeit haben und bei der Gestaltung des Übergangs berücksichtigt werden müssen.

Umsetzung und kontinuierliche Anpassung

Dritte Phase:
Die Realisierung der Nachfolgeplanung

Mit der dritten Phase treten wir in das Stadium der Realisierung unserer Pläne. Hier geht es darum, die zuvor erarbeiteten Konzepte in die Tat umzusetzen. Das bedeutet konkret: Verträge müssen entworfen, unterzeichnet und notariell beurkundet werden; Unternehmensanteile sind umzuschreiben. Dabei sind die Weichen so zu stellen, dass alle notwendigen behördlichen Genehmigungen eingeholt und Fristen eingehalten werden. In dieser Phase zeigt sich oft, wie gut die Vorbereitungen waren – denn hier begegnen uns die praktischen Hürden, die manchmal von der Effizienz öffentlicher Stellen abhängen. Ein Prozess, der Geduld und Ausdauer erfordert.

Vierte Phase: Nachsorge und die flexible Anpassung an das Leben

Die letzte Phase unserer Nachfolgeplanung ist die Nachsorge, die oft übersehen wird, aber entscheidend ist für eine langfristig erfolgreiche Übergabe. Sie erfordert eine regelmäßige Überprüfung und Anpassung der getroffenen Vereinbarungen an die sich wandelnden Lebensumstände. Hierbei darf nicht vergessen werden, dass es sinnvoll ist, Vermögenswerte nicht ausschließlich im Unternehmen zu binden, sondern auch privat abzusichern, um Risiken wie Inflation oder Insolvenz vorzubeugen.

Gestalten Sie Ihre Zukunft und Ihre Unternehmensnachfolge erfolgreich

In der Nachfolgeplanung steckt mehr als nur die Übergabe von Verantwortlichkeiten – es geht auch darum, Ihr Leben nach dem Unternehmertum mit Sinn zu füllen. Es ist die Zeit, in der Sie sich fragen sollten: Was möchte ich mit meinem neuen Lebensabschnitt anfangen?

Mit diesen Bausteinen – ein klarer Plan, eine umfassende Bewertung und die Beachtung menschlicher Aspekte – sind Sie gut gerüstet, um Ihre Unternehmensnachfolge erfolgreich zu gestalten.

Handeln Sie jetzt: Schaffen Sie eine Vision für Ihr Leben nach der Übergabe.

Wenn Sie noch auf der Suche nach einer Vision sind, lassen Sie sich von meinem Buch „Eine kooperative Welt“ inspirieren. Es zeigt auf, wie Ihr Wissen und Ihre Erfahrung weiterhin von Bedeutung sein können und wie Sie diese in neuen Strukturen sinnstiftend einbringen können.

Betrachten Sie den Übergang nicht als Ende, sondern als Beginn einer neuen Ära, in der Sie Ihre Lebenserfahrung auf innovative und bereichernde Weise einsetzen können. **Die Zukunft ist offen – es liegt an Ihnen, sie zu gestalten.**

Herzlichst Ihr Dr. Heribert Warken

Dr. Heribert Warken

Experte für Unternehmensbewertung und -nachfolge

Dr. Heribert Warken ist anerkannter Fachmann für Unternehmensnachfolge und -bewertung. Als Wirtschaftsprüfer und vereidigter Sachverständiger steht er mittelständischen Unternehmen mit seinem fundierten Wissen zur Seite. Mit einem tiefgreifenden Verständnis sowohl für die sachlichen Herausforderungen als auch für die emotionalen Dynamiken, die mit diesen Prozessen einhergehen, ist Dr. Warken ein geschätzter Berater und Mentor. Seine langjährige Erfahrung ermöglicht es ihm, komplexe Bewertungsszenarien zu entwirren und nachhaltige Nachfolgepläne zu entwickeln, die sowohl die finanziellen als auch die persönlichen Ziele der Unternehmensinhaber berücksichtigen.

LinkedIn: https://www.linkedin.com/in/heribert-warken-unternehmensnachfolge-in-nrw-2021

Web: https://unternehmensnachfolge-in-nrw.de

Email: heribert.warken@actgroup.de

Termin: https://calendly.com/heribert-warken/15min

Gesellschaftliche Dynamik: Kultur gestalten

Gesellschaftliche Dynamik: Kultur gestalten

Gesichter Lesen: Die verborgene Sprache der Emotionen

von Maik Hellen

In der **faszinierenden Welt der Physiognomik** ragt ein Experte heraus: **Maik Hellen**. Er besitzt die außergewöhnliche Gabe, verborgene Emotionen und unausgesprochene Gedanken zu entziffern, indem er Gesichtsausdrücke liest – eine Kunst, die ihn zum Meister seines Fachs gemacht hat. Sein Rat ist bei Unternehmen und führenden Persönlichkeiten gefragt, die die subtilen Nuancen der Körpersprache besser verstehen und nutzen möchten. Hellens Analysen bestechen durch ihre Genauigkeit und die Fähigkeit, eine tiefe Intuition zu offenbaren, die er in seine Arbeit einfließen lässt.

Er hat das seltene Talent, Menschen in die **verborgenen Tiefen der nonverbalen Kommunikation** einzuführen, die sich in einem Lächeln, einer hochgezogenen Augenbraue oder einem kurzweiligen Blick verbergen. In seinem Buchbeitrag lädt er Dich ein, mit ihm die verborgene Kunst der Gesichtslektüre zu erkunden und einen Einblick hinter den Vorhang der sichtbaren Emotionen zu werfen.

Komm näher und begib Dich auf eine Reise, die Dein Verständnis für das Unausgesprochene vertiefen und Deine Fähigkeit, mit anderen in Verbindung zu treten, revolutionieren wird. Entdecke zusammen mit Maik Hellen die Sprache, die zwar von allen gesprochen wird, aber nur von wenigen wirklich verstanden – **die Sprache des menschlichen Gesichts**.

Das Fenster zur Seele – Die Kunst des Gesichtslesens

Stell Dir vor, Du triffst jemanden zum ersten Mal – wohin wandert Dein Blick als Erstes? In den meisten Fällen werden es die Augen sein, selbst wenn kein Lächeln die Mundwinkel umspielt oder eine Maske einen Teil des Gesichts verbirgt. **Unsere Augen sind das zentrale Element** unserer nonverbalen Kommunikation. Sie sind es, die einen ersten, bleibenden Kontakt herstellen können; ein Fenster, durch das Empathie und Verständnis fließen. Dieser unausgesprochene Austausch von Blicken kann ein tiefes Gefühl des Gesehenwerdens vermitteln, ein elementares menschliches Bedürfnis, das in jedem von uns verankert ist.

In diesem Exkurs über die Fähigkeit, Gesichter zu lesen und Körpersprache zu deuten, lade ich Dich ein, die subtilen, aber aussagekräftigen Signale, die wir täglich aussenden und empfangen, zu entdecken und zu verstehen. Es ist mir eine große Freude, mein Wissen mit Dir zu teilen und aufzuzeigen, wie Du diese Kompetenz nutzen kannst, um im Beruf wie im Privatleben erfolgreicher und einfühlsamer zu kommunizieren.

Warum ist das Lesen von Gesichtern und die Interpretation von Körpersprache so bedeutsam? Es geht weit über das bloße Erkennen von Freude oder Trauer hinaus. Wenn Du die Kunst des Gesichtslesens beherrschst, **kannst Du auf einer tieferen Ebene mit Kunden und Geschäftspartnern kommunizieren**. Du wirst ihre Bedürfnisse und Wünsche nicht nur schneller identifizieren, sondern auch mit größerer Genauigkeit. Dieses Wissen ist ein mächtiges Werkzeug – es kann Missverständnisse klären, Konflikte vermeiden und die Beziehung zu anderen stärken.

Und es endet nicht bei der Arbeit; auch im persönlichen Umgang mit Freunden und Familie kann ein tieferes Verständnis der nonverbalen Signale **unschätzbare Einblicke geben und die Bindungen stärken**.

Die Sprache des Gesichts – Ein Schlüssel zum Erfolg

Die Begriffe „Psyche“ und „Physiognomik“ mögen auf den ersten Blick kompliziert oder gar mystisch anmuten, fast so, als würden sie aus einer Yogastunde entsprungen sein. Aber lasst Dich nicht täuschen; tatsächlich öffnen sie die Tür zu **einer Welt voller Faszination und Spaß.** Erlaube mir, Dir eine Geschichte zu erzählen, die diese trockenen Begriffe lebendig werden lässt.

Stell Dir Stefan vor, einen Einzelhändler, dessen Herzlichkeit und Engagement für seine Kunden außer Frage steht. Doch trotz seines Einsatzes traf Stefan nicht immer ins Schwarze, wenn es darum ging, die wahren Bedürfnisse und Wünsche seiner Kundschaft zu identifizieren. Da **kreuzte das Schicksal seinen Weg** mit dem eines gewissen Maik, einem Kenner der Psychophysiognomik – einer Lehre, die sich mit der Deutung von Gesichts- und Körpermerkmalen beschäftigt.

Stefan war klug genug zu erkennen, dass diese Kenntnisse genau das fehlende Puzzleteil für seinen beruflichen Erfolg darstellen könnten. Er tauchte ein in die Welt der Naturelle und Energien und erlernte, wie man sie im Gesicht seines Gegenübers liest. Das „Bewegungsnaturell“ beispielsweise, bei dem es um zielorientierte Menschen geht, die schnelle und präzise Lösungen schätzen. Oder das „Empfindungsnaturell“, das Geduld und ein **offenes Ohr für zahlreiche Fragen** erfordert.

Durch das Studium der Physiognomik erkannte Stefan, dass die Augen mehr sind als nur der Spiegel der Seele; sie sind die lebendige Verbindung zu den Gedanken und Gefühlen eines Menschen.

Ob jemand begeistert, neugierig oder vielleicht sogar flirtend ist – all dies kann in den Augen gelesen werden. Aber auch der Mund hat seine Geheimnisse, ist er doch nicht nur essenziell für das leibliche Wohl, sondern auch für die Darstellung unserer Emotionen.

Ausgestattet mit diesem neuen Wissen, kehrte Stefan zu seiner Arbeit zurück und erlebte eine Verwandlung. Plötzlich war es ihm möglich, seine Kunden auf einer ganz anderen Ebene zu verstehen und zu bedienen. Die Resultate sprachen für sich: Ein gesteigerter Umsatz, zufriedenere Kunden und, was vielleicht das Schönste ist, neu gewonnene Freundschaften. Stefans Geschichte ist ein l**ebendiger Beweis dafür, dass die Kenntnis der Physiognomik weit mehr als eine theoretische Spielerei ist** – sie ist ein praktisches Werkzeug für persönlichen und beruflichen Erfolg.

Das Geheimnis der Gesichter – Die Kunst des Erkennens

Es ist kaum zu übersehen, wie fesselnd und aufschlussreich die Welt der Psychophysiognomik sein kann. Diese Wissenschaft eröffnet uns **tiefe Einblicke in die Persönlichkeit und die Charakterzüge der Menschen um uns herum**. Du könntest vielleicht bereits heute die Gelegenheit haben, dieses Wissen anzuwenden – achte beim nächsten Meeting ein wenig genauer auf die Gesichter Deiner Gesprächspartner. Kannst Du erkennen, welcher Persönlichkeitstyp vor Dir sitzt? Passe dann Deine Präsentationsweise entsprechend an und beobachte einmal, wie die Kommunikation sich verändert.

Falls Du nun neugierig geworden bist und mehr über dieses faszinierende Thema erfahren möchtest, so bin ich nur eine Nachricht entfernt. Du findest mich auf allen gängigen Plattformen – suche einfach nach Maik Hellen, Deinem Spezialisten für das Lesen von Gesichtern und Körpersprache.

Und denk daran: **Ich sehe Dich.**

Maik Hellen

Gesichtslesen und Körpersprache.

Maik Hellen

Der heutige 50-jährige Maik Hellen liest Menschen.

Durch seine eigene Kindheit hat er unbewusst seine Sinne geschärft. Er hilft Menschen ihr Gegenüber wahrzunehmen, sich bewusst zu machen, was in jeder Begegnung unterbewusst abläuft oder aber auch mit Selbstreflexion. Mit Hilfe der Psycho Physiognomik, Face Reading und Körpersprache zeigt er auf; „Was sehen wir und was bedeutet es, was wir sehen."

LinkedIn: https://www.linkedin.com/in/gesichtslesen/

Web: https://www.maikhellen-gesichtslesen.de

Email: info@psychophysiognomik-bs.de

Gemeinsam stark: Das Unternehmerpaar als Erfolgsteam

von Manuela Holike

Manuela Holike verkörpert das Bild einer bemerkenswerten Vollblutunternehmerin und Geschäftsfrau. In dreißig Jahren an der Spitze eines Familienunternehmens, welches eine Reihe von Modeläden betreibt, hat sie Seite an Seite mit ihrem Mann nicht nur ein Geschäft geführt, sondern auch ein Leben geteilt. Das Dasein als Powerpaar bedeutete für sie, ständig im Tandem zu agieren – eine 24-Stunden-Partnerschaft, die ihre Beziehung bisweilen auf harte Proben stellte.

Durch diese intimen Erfahrungen hat Manuela tiefe Einblicke in die Herausforderungen und Chancen gewonnen, die das gemeinsame Führen eines Unternehmens mit sich bringt. Diese Erkenntnisse teilt sie nun, um andere Unternehmerpaare zu befähigen, sowohl in ihrer Beziehung als auch in ihrem Geschäft zu blühen. In ihrem Buchbeitrag wird Manuela ihr wertvolles Wissen und ihre persönlichen Strategien entfalten, die es Unternehmerpaaren ermöglichen, glücklich und erfolgreich zu sein, ohne dabei ihre individuelle Authentizität zu verlieren.

Es ist ein Leitfaden für die, die nicht nur zusammen arbeiten, sondern auch zusammen wachsen wollen – ein Zeugnis dafür, dass die wahre Stärke in der Einheit und dem gegenseitigen Verständnis liegt.

Zusammen stark – Dein Weg zum Erfolg als Unternehmerpaar

Erinnerst du dich noch an die Corona-Zeit, als wir alle dazu angehalten wurden, in unseren eigenen vier Wänden zu bleiben? Plötzlich fanden sich viele Paare und Familien in einer ungewohnten Nähe wieder, die für einige das Schwierigste an der ganzen Situation war.

Stell dir nun vor, dass dieser Zustand nicht nur ein vorübergehender Lockdown, sondern der **Alltag eines Unternehmerpaares** ist. Du und dein Partner, ihr seid ständig zusammen, habt selten eine Pause voneinander und seid unablässig mit denselben Herausforderungen konfrontiert.

Ich spreche aus eigener Erfahrung, denn ich bin selbst Unternehmerin und Coach für Paare wie uns, die es wagen, gemeinsam ein Unternehmen zu führen. Mein Mann und ich, wir haben jung geheiratet, ohne wirklich zu ahnen, was es bedeutet, sich auf einen Unternehmer einzulassen und wie präsent dieses gemeinsame Unternehmen in unserem Leben sein wird. Es ist, als würde das **Familienunternehmen mit am Frühstückstisch sitzen.**

In diesem Buchbeitrag wirst du Einblicke in meine **persönlichen Erlebnisse** erhalten, und ich werde dir zeigen, wie du zusammen mit deinem Partner nicht nur eine glückliche Beziehung führen, sondern auch ein erfolgreiches Geschäft aufbauen kannst. Es ist ein Weg, der sowohl **Nähe als auch Unabhängigkeit** erfordert, und ich freue mich darauf, ihn gemeinsam mit dir zu erkunden.

Das Herz des Unternehmens – Familie und Firma in Harmonie

In der gemeinsamen Reise durch das Unternehmertum lernt ihr, dass eure Partnerschaft mehr als nur eine private Bindung ist – sie ist das **pulsierende Herz eures Geschäftes.** Wie ihr als Paar miteinander umgeht, hat weitreichende Auswirkungen: Es beeinflusst nicht nur euch und eure Familie, einschließlich eures Sohnes, sondern strahlt auch auf euer Unternehmen aus. Eure Beziehung prägt die Atmosphäre, unter der eure Mitarbeiter arbeiten und mit der eure Kunden konfrontiert werden.

Es ist daher unerlässlich, dass diese Dynamik funktioniert, denn jede Disharmonie kann sich wie Wellen durch alle Bereiche eures Lebens ziehen.

Die Erkenntnis, dass ihr hierbei Unterstützung benötigt, ist ein **Zeichen von Stärke, nicht von Schwäche.** Ich stand selbst vor diesem Dilemma und suchte nach einem Mentor, einem Experten, der sich der einzigartigen Herausforderungen eines Familienunternehmens bewusst ist. Doch damals fand ich niemanden, der sich auf die Verwebung von familiären und geschäftlichen Beziehungen spezialisiert hatte.

Aus dieser Not heraus begann ich, mich selbst zu schulen und zu qualifizieren. Ich vertiefte mich in Coaching, erlernte die Kunst des **Neuro-Linguistischen Programmierens (NLP)**, bildete mich in Mediation weiter und gebe mein Wissen nun auch weiter. Ich entdeckte, wie ich das oft spannungsgeladene Feld, das sich auftut, wenn die Systeme Familie und Unternehmen aufeinanderprallen, navigieren kann. Es ist essenziell, genau hinzusehen und zu verstehen, wer in einer bestimmten Situation spricht, wer auf wen reagiert und warum diese Reaktionen so ausfallen, wie sie es tun.

In meinen Coachings konzentriere ich mich darauf, euch als Unternehmerpaar, die ihr ohnehin meist unter Zeitdruck steht und vielen Belastungen ausgesetzt seid, rasch und wirkungsvoll zu entlasten. Ich nehme mir die Zeit, eure individuelle Situation zu analysieren, schnell den Kern des Problems zu erfassen und euch in jeder Sitzung mit praktischen und umsetzbaren Lösungen zu unterstützen. Ihr werdet dieses Buch nicht zur Seite legen, ohne wertvolle Einsichten und Werkzeuge erhalten zu haben, die euch helfen, euer unternehmerisches und privates Leben zu bereichern und in Einklang zu bringen.

Leidenschaft und Hingabe –
Der Weg zu einem erfüllten Unternehmerleben

Ihr könnt sicherlich schon spüren, wie sehr ich mit meinem ganzen Herzen dabei bin. Ich sehe mich als Vorsitzende des imaginären Fanclubs „Lasst uns miteinander leben und arbeiten". Mein breit gefächertes Angebot richtet sich an Paare, die das Privileg haben, zusammen zu leben und zusammen zu arbeiten. Von intensivem Einzelcoaching bis hin zu Familien-Gesamtbehandlungen reicht meine Palette, und ich scheue mich auch nicht, direkt in die Unternehmen hineinzugehen. Dort beobachte ich die Atmosphäre und die Stimmung, um ganz individuell zu unterstützen und zu beraten.

Es liegt mir am Herzen, euch zu verdeutlichen: **Familienunternehmen sind das Rückgrat der deutschen Wirtschaft.** Jedes dieser Unternehmen hat es verdient, bestmöglich geführt zu werden – und jedes Unternehmerpaar verdient es, glücklich und erfolgreich zu sein, mit einem guten Gefühl auf das eigene Leben blicken zu können. Tag für Tag.

Ich möchte euch nicht nur Strategien und Methoden an die Hand geben, sondern auch die Bedeutung von **Humor unterstreichen**. Lacht gemeinsam, findet Freude an euren Herausforderungen und lasst Humor zu einem festen Bestandteil eurer Beziehung und eures Geschäftslebens werden. Ich wünsche euch, dass ihr euren Tag stets mit einem Schmunzeln beginnen könnt.

Zum Abschluss möchte ich mich bei euch bedanken – dafür, dass ihr offen seid für neue Perspektiven und bereit, gemeinsam zu wachsen. Wir leben in einer Zeit, die Mut, Flexibilität und Kreativität verlangt, und genau das bringt ihr als Unternehmerpaare bereits mit. Lasst uns diesen Weg gemeinsam gehen, mit **Leichtigkeit und einem Lachen im Herzen.**

Möge dieses Buch und mein Beitrag nicht nur ein Ratgeber, sondern auch ein **Inspirationsquelle für euch sein**, um das Unternehmertum mit Leidenschaft und Hingabe zu leben.

Manuela Holike

Glücklich und erfolgreich als Unternehmerpaar – Dein Coach für PowerPaare

Manuela Holike, erfahrene Vollblutunternehmerin und Coach, unterstützt Unternehmerpaare dabei, ihr Geschäft und Privatleben in Einklang zu bringen. Mit 30 Jahren Führungserfahrung in eigenen Modeläden und fundierten Kenntnissen in NLP, Mediation und Mindset-Strategien, bietet sie maßgeschneiderte Coachings an, die Paaren helfen, gemeinsam erfolgreich und glücklich zu sein.

Anschrift: Manuela Holike, Obere Hauptstraße 3, 85354 Freising

LinkedIn: https://www.linkedin.com/in/manuela-holike-ab25a690/

Web: https://www.manuela-holike.de

Email: info@manuela-holike.de

Die stille Revolution: Mobbingfreiheit als Kulturwandel in Unternehmen und Schulen

von Manuela Borzel und Milos Rakic

In einem Zeitalter, in dem Mobbing nicht nur ein verborgenes Problem in Schulen und Unternehmen darstellt, sondern zunehmend ins Rampenlicht der öffentlichen Aufmerksamkeit rückt, stehen Manuela Borzel und Milos Rakic an der Spitze einer stillen Revolution. Dieser Beitrag widmet sich dem unermüdlichen Einsatz und der fundierten Expertise dieser beiden Fachleute im Bereich des Mobbings und des Profilings.

Manuela Borzel, anerkannte Expertin in der Mobbing-Prävention, hat es sich zur Aufgabe gemacht, Unternehmen und Schulen in mobbingfreie Zonen zu verwandeln. Ihre Ansätze gehen über traditionelle Methoden hinaus und zielen darauf ab, Kulturen des Respekts und der Achtsamkeit zu schaffen, in denen Mobbing keinen Nährboden findet.

Milos Rakic, Verhaltensanalyst und Profiler ergänzt Manuelas Arbeit mit seiner Fähigkeit, die verborgenen Nuancen menschlichen Verhaltens zu entschlüsseln. Mit allen Facetten der Verhaltensanalyse und seinem geschärften Blick für Details entlarvt er Lügen und deckt subtile Muster von Verhaltensmustern und Manipulationsversuchen auf, die oft im Mobbingkontext verborgen bleiben.

Gemeinsam bilden Manuela und Milos ein starkes Team, das sich auf einer Bühne präsentiert, die sowohl für Fachleute als auch für Betroffene von größter Bedeutung ist. Ihr gemeinsames Ziel ist es, eine Kultur des bewussten Umgangs miteinander zu fördern, in der Mobbing keinen Platz mehr hat.

In diesem Beitrag teilen Manuela Borzel und Milos Rakic ihre umfassenden Erkenntnisse und präsentieren effektive Strategien zur Bekämpfung von Mobbing. Sie führen uns durch die komplexen Landschaften des Mobbings und des Profilings. Sie bieten Einblicke, die nicht nur aufklären, sondern auch ermächtigen. Ihr Beitrag ist ein Leitfaden für alle, die sich für eine positive und respektvolle Umgebung in Bildungseinrichtungen und am Arbeitsplatz einsetzen.

Willkommen in einer Welt, in der Respekt und Würde mehr als nur Ideale sind – Eine Welt, die Manuela Borzel und Milos Rakic aktiv mitgestalten.

Ein neues Verständnis von Mobbing

In unserer Rolle als Mobbing-Profiling-Experten stehen wir oft vor der Herausforderung, die weitverbreitete Verleugnung und Unterschätzung von Mobbing in Schulen und Unternehmen aufzudecken. Unser Ansatz beginnt mit einer provokanten, aber wichtigen Erkenntnis: „Eine gute Nachricht gleich zum Anfang: Mobbing gibt es gar nicht."

Die verschleierte Wirklichkeit des Mobbings

Diese paradoxe Behauptung konfrontiert uns regelmäßig in unserer Arbeit. Sie spiegelt eine verbreitete Fehlwahrnehmung wider: **„Mobbing gibt es nicht."** Doch hinter dieser Fassade verbirgt sich eine unbequeme Wahrheit. Ich, Manuela habe bereits in einem weiteren tiefgründigen Buchbeitrag „Die unterschätzte Gefahr: Unternehmen, Mobbing-Prozesse und Stalking" **schonungslos offengelegt**, dass Mobbing eine stille Epidemie in unserer Gesellschaft darstellt, die in jedem Unternehmen und jeder Schule präsent ist. **Wir beleuchten die subtilen und oft übersehenen Handlungen, die Mobbing ausmachen.** Unterstützt wird diese These durch eine aufschlussreiche Studie der Viking RAJA Group, die aufdeckt, dass erschreckende 60%

der Befragten Mobbing am Arbeitsplatz oder in der Schule erlebt haben. Ein Viertel dieser Menschen hat diese bittere Erfahrung am eigenen Leib gemacht und ebenso viele sind der Meinung, dass ihre Führungskräfte blind für das Problem sind.

Milos Rakics Einblick in die Welt der Verhaltensanalyse

An dieser Stelle möchte ich, Milos Rakic, meine Perspektive und meinen einzigartigen Ansatz teilen: **„Um Mobbing effektiv zu begegnen, ist es entscheidend, das menschliche Verhalten zu verstehen."** Meine Rolle als Verhaltensanalytiker unterscheidet sich grundlegend von der eines Kriminal-Profilers oder Kriminalpsychologen. Während diese sich auf die Rekonstruktion vergangener Taten konzentrieren, widme ich mich der Beobachtung und Analyse des Verhaltens von Menschen in Echtzeit. Diese Fähigkeit ermöglicht es mir, tiefgehende Einblicke in die Dynamik von Mobbing zu gewinnen und präventive Maßnahmen zu entwickeln, die weit über das Offensichtliche hinausgehen.

Die Vielschichtigkeit des Mobbing-Prozesses

In unserem Bestreben, die Komplexität des Mobbings zu entschlüsseln, ist es wesentlich, die unterschiedlichen Formen und Prozesse zu verstehen. **Ein Mobbing-Prozess**, wie wir in unserer Arbeit festgestellt haben, **variiert beträchtlich in seiner Art und Dauer**. Traditionell wird Mobbing als ein Prozess gesehen, der sich über mehrere Wochen oder Monate erstreckt. Dr. Heinz Leymann, bekannt als Pionier in der Mobbingforschung, definiert Mobbing als solches: ‚Wenn der Mobbingprozess mindestens über einen Zeitraum von sechs Monaten andauert.' Doch stellt sich die Frage: **Spiegelt diese Definition die heutige Realität wider?**

Die neue Herausforderung: Cybermobbing

In der aktuellen Zeit sehen wir, besonders im Kontext von Cybermobbing, eine deutliche Abweichung von dieser traditionellen Sichtweise. Cybermobbing unterscheidet sich durch seine Geschwindigkeit, Direktheit und seine ununterbrochene Natur. Es ist ein Phänomen, das rund um die Uhr stattfindet und nie zu enden scheint. Das macht Cybermobbing besonders gefährlich. Die jüngste globale Pandemie hat diese Form des Mobbings noch verstärkt, eine Entwicklung, die wir weltweit beobachten können. **Erschütternd ist auch der Anstieg der Suizidopfer, der mit dieser Zunahme von Cybermobbing** einhergeht.

Beobachtungen aus der Praxis

Aus meiner, Milos Rakics, praktischen Erfahrung in unterschiedlichen Umgebungen, wie Unternehmen, Schulen und Strafvollzugsanstalten, lässt sich ein alarmierender Trend ablesen: **Mobbing-Fälle haben in Schulen laut der Kriminalprävention um etwa 38 % zugenommen.** Experten vermuten, dass die Dunkelziffer mindestens genauso hoch ist wie die offiziell erfassten Fälle. Diese Zahlen zeigen deutlich, dass wir noch eine immense Aufgabe vor uns haben.

Positive Entwicklungen und die Bedeutung von Ausbildung

Unsere Reise durch die komplexe Welt des Mobbings zeigt, dass noch viel zu tun ist. Erfreulicherweise erkennen wir, dass immer mehr Unternehmen die Bedeutung dieser Arbeit wertschätzen und unsere Unterstützung annehmen. Diejenigen, die in ihren Betrieben gezielte Ausbildungen zum Thema Mobbing durchführen, berichten von signifikanten Verbesserungen. Es ist interessant zu sehen, dass **Unternehmen, die als ‚Mobbingfrei' zertifiziert sind, eine erhöhte Anzahl von Bewerbungen auf ihre Stellenangebote verzeichnen.**

Dies zeigt, wie wertvoll das ‚Mobbingfrei-Zertifikat' als Markenzeichen nach außen ist.

Unser Angebot: Ausbildung und Zertifizierung

Wir, Manuela Borzel und Milos Rakic, bieten nicht nur Ausbildungen an, sondern auch Zertifizierungen für Unternehmen. Diese Zertifizierungen sind ein gründlicher Prozess, bei dem wir prüfen, ob ein Unternehmen wirklich eine mobbingfreie Umgebung bietet. Hierfür nutzen wir detaillierte Checklisten und nach erfolgreichem Abschluss kann das Unternehmen das begehrte ‚Mobbingfrei-Zertifikat' erwerben.

Aufruf zum Handeln: Verbinde dich mit uns

Wir laden dich ein, Teil dieser Bewegung zu werden. Wenn du Fragen zum Thema Mobbing, Bossing, Cybermobbing und Stalking hast oder dich für unsere Ausbildungen interessierst, in denen wir das Thema Menschenkenntnis vertiefen, kontaktiere uns. **Der schnellste und direkteste Weg ist über LinkedIn. Gemeinsam können wir einen Unterschied machen** und Arbeits- sowie Lernumgebungen schaffen, die frei von Mobbing sind.

In einer Welt, in der die Linien zwischen richtigem und falschem Verhalten oft verschwimmen, steht dieser Beitrag als ein Leuchtturm der Hoffnung und als Wegweiser zu einer zukunftsfähigen, respektvollen Arbeits- und Lernkultur, in der jedes Individuum die Freiheit und Sicherheit genießt, sein volles Potenzial zu entfalten.

Manuela Borzel
Expertin für Mobbing, Bossing, Cybermobbing und Stalking

Manuela Borzel, geboren 1963 in Hamburg, hat Mobbing am eigenen Leib erlebt und engagiert sich intensiv für Prävention und Bewusstsein. Mit über 20 Jahren Erfahrung in Industrie, Change-Projekten und als Prozessbegleiterin verbindet sie Fachwissen mit persönlichem Engagement. Zusätzlich qualifizierte sie sich als NLP-Practitioner und Hypnosecoach. Seit 2017 bietet sie Coachings zu Mobbing-Themen an, wobei sie sowohl Unternehmen als auch Einzelpersonen begleitet. Ihr Fokus: Werte im Unternehmensalltag leben und ein positives Betriebsklima fördern. #mobbingfrei

Foto: Ulli Wrede

LinkedIn: https://www.linkedin.com/in/manuela-borzel-mobbingfrei/

Web: https://www.mobbingfrei.net

Email: info@manuela-borzel.de

Milos Rakic
Experte in der Verhaltensanalyse und Glaubwürdigkeitsüberprüfung

Milos Rakic – Ein in England ausgebildeter Verhaltensanalyst und Spezialist für Investigative Interviewing & Deception Detection. Er vermittelt wissenschaftlich fundiertes Wissen in den Bereichen Emotionen, Körpersprache, Glaubwürdigkeitsüberprüfung und emotionale Intelligenz. Sein Ziel: Menschenkenntnis vertiefen und durch präzise Analyse wertvolle Einsichten gewinnen. Ob in Human Resources, Verkauf oder Rechtswesen – Profitieren Sie beruflich und privat von seiner Expertise. Milos ist zudem in Ausbildung zum Psychologischen Berater. #clockthemlikemilos

Foto: Christoph Maleh

LinkedIn: https://www.linkedin.com/in/profilermilosrakic/

Web: https://milosrakic.com

Email: mr@milosrakic.com

Entschlüssel Deinen Seelenplan für geschäftlichen und persönlichen Erfolg

von Maria Rashiany Dieste

Erfolg ist ein Puzzle, das oft erst vollständig wird, wenn man die richtigen Menschen trifft, die als Mentoren, Berater und Vordenker fungieren. Maria Rashiany ist eine solche Personifikation der Weisheit und Erkenntnis, ein Mentor der Mentoren. Sie steht nicht einfach nur an der Seitenlinie und beobachtet, wie andere ihre Ziele erreichen; sie greift aktiv ein, gibt den entscheidenden Anstoß und hilft Menschen, ihr wahres Potenzial zu erkennen und zu entfalten. Heute ist Maria hier, um eine tiefergehende Perspektive zu bieten, die dir aufzeigt, wie entscheidend es ist, dass deine Seele im Geschäftsleben nicht nur eine Nebenrolle spielt, sondern zur Hauptfigur deines Erfolgs wird.

Mit 25 Jahren stand ich, Maria, an einem Scheideweg, gezeichnet von einer Nahtoderfahrung, die mir einen Blick in eine andere Dimension gewährte. Es war ein Erlebnis, das mein Verständnis von Leben und Tod grundlegend veränderte und mich mit tiefen Einsichten zurückließ, die ich nun teilen möchte. Die Entscheidung, zu dieser Welt zurückzukehren, war ein Versprechen, diese Erkenntnisse zu verbreiten, um anderen zu helfen, ihren Weg zu finden und zu verstehen, dass unser Dasein weit über das physische Sein hinausgeht.

Drei essenzielle Einsichten prägen seither meine Arbeit und mein Leben:

Die Seele als Existenzkern: Die erste Einsicht betrifft die Seele als Existenzkern. Ich erkannte, dass die Seele das Fundament unseres Seins ist, Trägerin unserer Identität und Leidenschaften. Ein Seelenplan wartet darauf, entdeckt und gelebt zu werden.

Indem wir diesen Plan in unser Business integrieren, dienen wir nicht nur uns selbst, sondern bereichern auch unser Umfeld. **Jeder Mensch hat eine einzigartige Mission, eine Reihe von Aufgaben, die er in diesem Leben erfüllen soll.** Es ist, als hätte das Universum für jeden von uns eine Rolle vorgesehen, die nur wir ausfüllen können – unsere eigene Berufung.

Die Entfaltung einzigartiger Fähigkeiten: Die zweite Erkenntnis betrifft die Entfaltung einzigartiger Fähigkeiten. **Jeder von uns birgt Talente, die oft im Verborgenen schlummern.** Meine Aufgabe sehe ich darin, diese zu enthüllen und in kraftvolle Geschäftsmodelle zu transformieren. Es ist eine Reise der Selbstentdeckung und des Mutes, den eigenen Weg zu gehen. Ich erinnere mich an eine Klientin, eine talentierte Beraterin, die ihre Fähigkeit, anderen zu helfen, erst vollständig anerkannte und entfaltete, als sie ihren Seelenplan verstand. Mit meiner Unterstützung gründete sie ein florierendes Unternehmen, das heute nicht nur ihr Leben, sondern auch das vieler anderer bereichert.

Die Energie der Seele als Triebkraft: Die dritte und vielleicht mächtigste Einsicht ist die Energie der Seele als Triebkraft. **Um unsere höchste Energie zu entfalten, müssen wir einen Raum finden, der mit unserer inneren Essenz resoniert.** Für mich war es Lanzarote, eine Insel, deren raue Schönheit und kraftvolle Natur mich immer wieder inspirieren. Doch für jeden kann dieser Ort unterschiedlich sein. Es geht darum, **Harmonie mit unserer inneren Energie zu finden**, was wiederum für Zufriedenheit und Spitzenleistungen unabdingbar ist.

Wie kannst Du diese Erkenntnisse in Dein Leben integrieren? In meinen Programmen und Workshops lernst Du, Deinen Seelenplan zu entdecken und praktisch anzuwenden – insbesondere im Business.

Wir arbeiten daran, Deine inneren Ressourcen freizusetzen, sodass Du sie nutzen kannst, um Deine Träume und Ziele zu erreichen. Es ist ein Prozess, der Dich dazu einlädt, Deine Komfortzone zu verlassen und das Potenzial, das in Dir steckt, voll auszuschöpfen.

Wenn Du Dich angesprochen fühlst und spürst, dass es Zeit für Veränderung ist, dann zögere nicht. Es ist kein Zufall, dass Du diese Worte liest – es könnte ein Teil Deines Seelenplans sein, der sich gerade entfaltet. Ich ermutige Dich, in Kontakt zu treten und die Reise zur Entdeckung Deiner inneren Weisheit zu beginnen.

Betrachte Deinen Lebensweg als eine Landkarte der Seele, die darauf wartet, entschlüsselt zu werden. Erkenne, dass Deine Seele mehr als nur ein Funke ist – sie ist ein leuchtendes Feuer, das Deine Identität prägt. Wenn Du Deine Einzigartigkeit entfaltest, wirst Du Dein wahres Potential freisetzen und über Dich hinauswachsen.

Entdecke die Orte, die Deiner Seelenenergie ein Zuhause geben und finde Strategien, die im Einklang mit Deiner Seele und Deinem Geschäftsleben funktionieren. Unsere Workshops und Programme bieten Dir die Werkzeuge, um Deinen Seelenplan in greifbare Ergebnisse umzusetzen.

Wenn Du nun das Gefühl hast, dass es an der Zeit ist, etwas zu verändern, dann höre auf diesen Ruf. **Eine Nachricht, ein Klick, ein Anruf – es kann alles sein, was nötig ist, um Deine transformative Reise zu beginnen**. Mit jedem Schritt, den Du wagst, öffnet sich die Welt ein Stück weiter für Dich. Ich bin hier, um Dich zu führen, zu unterstützen und zu ermutigen.

Ich danke Dir für Deine Aufmerksamkeit und lade Dich ein, den ersten Schritt zu tun. **Lass uns gemeinsam ein Leben voller Erfolg, Freude und tiefem Sinn erschaffen.** Mit diesen Gedanken wünsche ich Dir, dass Du die kommenden Herausforderungen mit Freude und Offenheit für Wachstum annimmst. **Danke für Deine Zeit und den Mut, heute den ersten Schritt in eine strahlende Zukunft zu setzen.**

Maria Rashiany Dieste

Seelenplan-Mentorin und Ausbilderin, Expertin für Heil-Yoga, Autorin und Certified Female Speaker

Sie begleitet Menschen in Führungspositionen, die spüren, dass da etwas Größeres auf sie wartet, entfaltet zu werden. Sie zeigt ihnen, wie sie aufgrund ihres Seelenplans, ihre Seelenfähigkeiten zur Exzellenz erweitern und ihre Seelenaufgabe erfüllen.

Mit einem bewährten 5-Schritte-Prozess unterstützt sie dabei, ihre größten Führungsfähigkeiten zu entfalten, sich für mehr Sinnhaftigkeit, Gesundheit und Erfüllung zu engagieren und einen positiven Wandel in der Welt zu bewirken.

LinkedIn: https://www.linkedin.com/in/maria-dieste-alohemala/

Web: https://www.mariadieste.com

Email: m.dieste@mariadieste.com

YouTube https://www.youtube.com/channel/UCAvDh-k-FYrZBJw9r21zQww

Vernetzte Nachbereitung: Mehr als nur ein Event

Vernetzte Nachbereitung: Mehr als nur ein Event

Die Aftershow-Party: Ein Ort der Emotionen und des Feierns und der Ruf nach mehr #Unverwechselbar

Nach dem Abschluss unserer #CatchUpCall-Events gibt es einen weiteren, ganz besonderen Moment, der für Ute und mich ebenso wichtig ist wie das Event selbst – die Aftershow-Party. Dieses virtuelle Treffen via Zoom bietet eine einzigartige Gelegenheit für unsere Experten und uns, die Erfahrungen des Events zu reflektieren, Emotionen zu teilen und gemeinsam Erfolge zu feiern. Es ist ein integraler Bestandteil unseres gesamten Erlebnisses, das die Frage nach #Unverwechselbar in den Vordergrund rückt.

Emotionale Entladung und gemeinsame Freude

Direkt nach der Intensität und dem Nervenkitzel des Live-Events bietet die Aftershow-Party einen Raum, in dem sich alle Beteiligten entspannen und die gesammelten Emotionen freisetzen können. Es ist ein Moment der Entspannung und Freude, in dem die Experten und wir gemeinsam auf das Erreichte zurückblicken und uns gegenseitig feiern. Die Atmosphäre ist gelöst und fröhlich, oft gefüllt mit Lachen, erleichterten Seufzern und einem Gefühl tiefer Zufriedenheit.

Austausch von Erfahrungen und Feedback

Die Aftershow-Party ist auch ein wertvoller Ort für den Austausch von Erfahrungen und Feedback. Die Experten teilen ihre Eindrücke vom Event, diskutieren über ihre Vorträge und erhalten direktes Feedback von uns und den anderen Teilnehmern.

Dieser offene und ehrliche Austausch ist nicht nur für die persönliche Weiterentwicklung wertvoll, sondern stärkt auch das Gefühl der Gemeinschaft und Zusammengehörigkeit.

Verbindung und Netzwerken

Ein weiterer wesentlicher Aspekt der Aftershow-Party ist das Netzwerken. Die Experten haben die Gelegenheit, sich untereinander zu vernetzen, mögliche Kooperationen zu besprechen und neue berufliche Beziehungen aufzubauen. In dieser lockeren Atmosphäre entstehen oft langfristige Verbindungen und Partnerschaften.

Die Bedeutung für #Unverwechselbar

Die Aftershow-Party spielt auch eine wichtige Rolle im Kontext von #Unverwechselbar. Sie ermutigt die Teilnehmer, über ihre einzigartigen Qualitäten und ihren individuellen Beitrag zum Event nachzudenken. Die Gespräche und Diskussionen während der Party fördern ein tieferes Verständnis dafür, wie jeder Einzelne sich in der digitalen Welt unverwechselbar machen kann.

Diese Post-Event-Feiern sind somit mehr als nur ein geselliges Beisammensein; sie sind ein wesentlicher Bestandteil des gesamten #CatchUpCall-Erlebnisses. Sie bieten eine Plattform für emotionale Entladung, gegenseitige Wertschätzung und das Knüpfen von Kontakten, die über das Event hinausgehen. Die Aftershow-Party unterstreicht die Bedeutung von Gemeinschaft und gegenseitiger Unterstützung und ist ein unverzichtbarer Schritt auf dem Weg zu einem neuem Event-Format „#Unverwechselbar“.

#Unverwechselbar – Ein persönliches Treffen, das alles verändert

Die Reise von Ute und mir zum #Unverwechselbar war eine besondere. Was viele nicht wissen: Obwohl wir bereits über drei Viertel eines Jahres intensiv und harmonisch zusammengearbeitet hatten, fand unser erstes persönliches Treffen erst während der Planungsphase für #Unverwechselbar statt. Bis zu diesem Zeitpunkt war unsere gesamte Zusammenarbeit digital – geprägt von Online-Meetings, Telefonaten und unzähligen Nachrichten.

Das erste persönliche Treffen in Düsseldorf

Unser erstes persönliches Treffen fand in Düsseldorf statt, in einem modernen Openspace, der Kreativität und innovative Ideen fördert. Für uns beide war dieses Treffen ein bedeutender Moment. Es war der Übergang von einer rein digitalen Zusammenarbeit zu einer persönlichen Verbindung, die unserer Arbeit eine neue Dimension verlieh.

Die Bedeutung des persönlichen Kontakts

Dieses Treffen war mehr als nur ein formaler Akt; es war eine Bestätigung unserer gemeinsamen Vision und Werte. Das persönliche Kennenlernen ermöglichte es uns, unsere Gedanken und Ideen auf einer tieferen Ebene auszutauschen. Es war, als würden sich die Puzzleteile eines großen Bildes zusammenfügen. Unsere Gespräche wurden lebendiger, unsere Pläne konkreter und unser Engagement für das Projekt #Unverwechselbar noch stärker.

Neue Perspektiven und Inspirationen

Sich persönlich zu treffen, brachte neue Perspektiven und Inspirationen. Es gab uns die Möglichkeit, über die Bildschirme und Tastaturen hinaus zu kommunizieren und unsere Leidenschaft für das Projekt in Echtzeit zu teilen. Wir lernten einander auf einer persönlicheren Ebene kennen, was unserer Arbeit eine neue Tiefe und Qualität verlieh.

Die Zukunft von #Unverwechselbar

Dieses Treffen in Düsseldorf war ein entscheidender Schritt in der Realisierung von #Unverwechselbar. Es bestärkte uns in dem Glauben, dass unsere gemeinsame Arbeit etwas Besonderes ist. Unsere persönliche Begegnung bereicherte nicht nur unsere professionelle Partnerschaft, sondern gab uns auch einen Vorgeschmack darauf, was #Unverwechselbar für die Teilnehmer bedeuten könnte: eine Gelegenheit, über den digitalen Raum hinauszuwachsen und echte, persönliche Verbindungen zu knüpfen.

Das Kapitel #Unverwechselbar ist somit nicht nur ein Symbol für unsere professionelle Zusammenarbeit, sondern auch ein Zeugnis dafür, wie persönliche Begegnungen digitale Welten überbrücken und zu unerwartet tiefen, beruflichen Beziehungen führen können. Es ist ein Beweis dafür, dass in der heutigen digitalen Welt das Persönliche immer noch einen unschätzbaren Wert hat.

Ob wir das Event #Unverwechselbar jemals stattfinden lassen? Dazu sagen Ute und ich: **„Lass Dich überraschen!“**

Vom Live-Event zum Podcast zum #ChatchUp-Call-Buch

Vom Live Event zum Podcast zum #CatchUpCall-Buch

Die Reise des #CatchUpCall, die Ute und ich begonnen haben, hat eine bemerkenswerte Entwicklung genommen. Ursprünglich als ein Live-Event konzipiert, hat es sich nicht nur zu einem festen Bestandteil der digitalen Veranstaltungslandschaft entwickelt, sondern auch zu einer Plattform, die sich über verschiedene Medien erstreckt.

Der #CatchUpCall Podcast: Eine Auditive Reise

Die Transformation unserer Live-Events in einen Podcast war ein logischer Schritt, um die Inhalte für ein breiteres Publikum zugänglich zu machen. Wir wollten, dass unsere Gemeinschaft die Möglichkeit hat, die wertvollen Beiträge unserer Experten zu erleben, auch wenn sie nicht live dabei sein konnten. Jede Podcast-Folge ist ein direkter Audio-Mitschnitt der Videoaufnahmen unserer Live-Events. Diese Vorgehensweise stellt sicher, dass die Authentizität und die dynamische Atmosphäre der Live-Events und Präsentationen erhalten bleiben.

Das #CatchUpCall Buch: Eine geschriebene Dokumentation

Die Idee, ein Buch zu kreieren, entstand aus dem Bedürfnis, die Präsentationen und den Geist des #CatchUpCall in einer dauerhaften Form festzuhalten. Das Buch ist eine sorgfältige Übersetzung der Reden und der Struktur des Events in schriftlicher Form. Jeder Beitrag im Buch ist eine ausführliche Wiedergabe der Vorträge und bietet tiefe Einblicke in die Expertise und die Gedanken der Sprecher.

Wir haben darauf geachtet, dass das Buch nicht nur eine Sammlung von Transkripten ist, sondern auch den Kontext und die Atmosphäre des #CatchUpCall einfängt. Die Leser können durch das Buch die Entwicklung des Events nachvollziehen und erhalten zusätzlich Hintergrundinformationen und Kommentare, die das Erlebnis bereichern.

Die Bedeutung für die Gemeinschaft

Diese Erweiterung des #CatchUpCall in einen Podcast und ein Buch hatte zum Ziel, die Gemeinschaft um den #CatchUpCall herum zu stärken und zu erweitern. Durch die Verfügbarkeit der Inhalte in verschiedenen Formaten können Mitglieder unserer Gemeinschaft die Inhalte so konsumieren, wie es für sie am besten passt. Ob unterwegs im Podcast-Format oder in Ruhe beim Lesen des Buches – wir bieten verschiedene Wege, um von den Erfahrungen und Einsichten unserer Experten zu profitieren.

Reflexion über den Fortschritt

Für Ute und mich ist die Entwicklung des #CatchUpCall von einem einfachen Live-Event zu einem vielseitigen, multimedialen Projekt ein Beweis dafür, wie vielfältig und weitreichend die Auswirkungen einer ursprünglich einfachen Idee sein können. Diese Evolution unterstreicht unseren Wunsch, Wissen und Inspiration in der Gemeinschaft zu teilen und eine Plattform zu bieten, auf der sich jeder Einzelne weiterentwickeln und entfalten kann.

Digitale Präsenz und Kommunikation:

In der Welt der digitalen Vernetzung setzen wir, Ute und ich, für den #CatchUpCall bewusst auf LinkedIn und ProvenExpert, anstatt eine klassische Landingpage zu nutzen. Diese Entscheidung unterstreicht unseren Wunsch, direkt und authentisch mit dir und der gesamten Gemeinschaft zu kommunizieren.

LinkedIn als zentrale Plattform

Unsere Unternehmensseite auf LinkedIn ist der zentrale Anlaufpunkt für alles rund um den #CatchUpCall. Hier findest du aktuelle Informationen zu bevorstehenden Events und Einblicke in vergangene Veranstaltungen. LinkedIn ermöglicht uns, direkt mit dir in Kontakt zu treten und eine Gemeinschaft von Gleichgesinnten zu bilden und zu pflegen. https://www.linkedin.com/company/catchupcall/

ProvenExpert für ehrliches Feedback

ProvenExpert nutzen wir, um transparentes Feedback zu unseren Events zu sammeln. Deine Bewertungen und Erfahrungsberichte helfen uns, die Events ständig zu verbessern und geben Interessierten einen authentischen Einblick in den #CatchUpCall. https://www.provenexpert.com/catchupcall/

Feedback Videos nach der Aftershow Party

Nach unseren Aftershow Partys nehmen wir Feedback Videos auf, in denen wir unseren Experten fünf Fragen stellen. Diese Videos sind eine großartige Möglichkeit für dich, Einblicke in die Erlebnisse und Gedanken der Experten zu bekommen.

Kontakt und Beteiligung

Wenn du Interesse hast, als Experte oder Sponsor beim #CatchUpCall mitzuwirken, kontaktiere uns einfach über info@catchupcall.de oder schreibe direkt Ute Gütschow oder mir, Alexander Niggemann, über LinkedIn. Wir freuen uns auf jeden, der Teil unserer engagierten Gemeinschaft werden möchte.

Abschlussgedanken

Unsere Wahl, LinkedIn und ProvenExpert als Hauptkommunikationskanäle zu nutzen, zeigt, wie wichtig uns Nähe, Offenheit und Echtheit in der Kommunikation sind. Der #CatchUpCall ist mehr als nur ein Event – er ist eine lebendige Gemeinschaft, die auf dem Wunsch nach ständiger Verbesserung und transparenter Kommunikation basiert.

#CatchUpCall:
Von Echos und Visionen

#CatchUpCall: Von Echos und Visionen

Ehrfurcht, Stolz und Anerkennung: Rückblick auf das Event

Wenn Ute und ich zurückblicken auf die bisherige Reise des #CatchUpCall, empfinden wir eine tiefe Ehrfurcht vor dem, was wir gemeinsam erreicht haben. Es ist ein Gefühl des Stolzes, das uns erfüllt, und zugleich eine tiefe Anerkennung für jeden, der an diesem wunderbaren Abenteuer teilgenommen hat – sei es als Experte, Teilnehmer oder Unterstützer.

Die Echo-Kammer des Erfolgs

Jedes Event des #CatchUpCall hat seine eigenen Echos hinterlassen – Echos in Form von inspirierenden Geschichten, lehrreichen Erfahrungen und wertvollen Verbindungen. Diese Nachklänge sind nicht nur Zeugnisse vergangener Events, sondern auch Wegweiser und Impulse für zukünftige Unternehmungen. Sie sind die Stimmen, die uns daran erinnern, dass jeder #CatchUpCall mehr ist als nur ein Ereignis; es ist ein lebendiger, sich ständig weiterentwickelnder Organismus.

Stolz auf die Gemeinschaft

Unser größter Stolz gilt der Gemeinschaft, die um den #CatchUpCall herum entstanden ist. Es ist eine Gemeinschaft von Menschen, die durch das gemeinsame Ziel vereint sind, zu lernen, zu teilen und zu wachsen. Jeder Einzelne in dieser Gemeinschaft hat dazu beigetragen, den #CatchUpCall zu dem zu machen, was er heute ist – eine Plattform für authentischen Austausch, kreative Entfaltung und berufliche Weiterentwicklung.

Anerkennung der Beiträge

Wir möchten unsere tiefste Anerkennung für die Experten aussprechen, die ihr Wissen und ihre Erfahrungen so großzügig geteilt haben. Jeder Vortrag, jede Diskussion und jeder Austausch haben wertvolle Einblicke und neue Perspektiven gebracht. Diese Beiträge sind das Herzstück des #CatchUpCall und der Grund, warum er so eine besondere Anziehungskraft hat.

Ein großes Dankeschön

Wenn ich, gemeinsam mit Ute, auf die unglaubliche Reise des #CatchUpCall zurückblicke, erfüllt uns ein tiefes Gefühl der Dankbarkeit. Jeder Schritt auf diesem Weg war geprägt von Lernmomenten, Inspiration und vor allem von den Menschen, die diese Reise mit uns geteilt haben. In diesem Kapitel möchten wir einen Moment innehalten und unseren aufrichtigen Dank aussprechen.

Dank an unsere Experten

Zuerst gilt unser Dank den Experten, die den #CatchUpCall mit Leben gefüllt haben. Euer Mut, euer Wissen und eure Erfahrungen zu teilen, hat diesen Raum zu einem Ort des Lernens und der Inspiration gemacht. Ihr habt nicht nur eure Expertise geteilt, sondern auch eure persönlichen Geschichten, was jedes Event zu einem einzigartigen und bereichernden Erlebnis gemacht hat.

Dank an unsere Teilnehmer

Ein herzliches Dankeschön geht auch an jeden Teilnehmer unserer Events. Euer Interesse, eure Fragen und eure Begeisterung waren die treibende Kraft hinter jedem #CatchUpCall. Eure aktive Teilnahme, sei es durch Fragen im Chat oder durch das Teilen eurer Gedanken in den Aftershow-Partys, hat die Events lebendig und dynamisch gemacht.

Dank an unsere Unterstützer

Wir möchten auch all jenen danken, die hinter den Kulissen gearbeitet haben. Ohne eure harte Arbeit, eure Kreativität und euren Einsatz hätten wir den #CatchUpCall nicht zu dem machen können, was er heute ist. Ihr seid oft die unbesungenen Helden, die wesentlich zum Erfolg beitragen.

Dank an die Gemeinschaft

Ein besonderer Dank gilt der Gemeinschaft, die sich um den #CatchUpCall gebildet hat. Eure Unterstützung, euer Feedback und eure Treue sind das, was diesen Event so besonders macht. Es ist eine Gemeinschaft, die auf Respekt, Lernbereitschaft und dem Wunsch basiert, sich gegenseitig zu fördern und zu unterstützen.

Blick in die Zukunft

Während wir dankbar auf das bisher Erreichte zurückblicken, sind wir auch gespannt auf das, was noch kommen mag. Der #CatchUpCall ist ein lebendiges Projekt, das weiterhin wachsen und sich entwickeln wird. Unsere Vision ist es, weiterhin einen Raum zu schaffen, in dem Wissen geteilt, Ideen ausgetauscht und neue Möglichkeiten entdeckt werden können.

Abschließende Worte

„Danke“ scheint ein einfaches Wort zu sein, aber es trägt eine Tiefe an Bedeutung. Es ist ein Ausdruck unserer tiefsten Wertschätzung und Anerkennung für jeden, der Teil der #CatchUpCall-Reise war und ist. Wir freuen uns darauf, diese Reise mit euch allen fortzusetzen und gemeinsam neue Kapitel aufzuschlagen.

Zukunft des Digitalen Netzwerkens: Trends und Ausblick

In diesem abschließenden Kapitel vor dem Epilog werfen Ute und ich einen Blick in die Zukunft des digitalen Netzwerkens. Der #CatchUpCall hat uns gezeigt, wie kraftvoll und transformativ digitale Veranstaltungen sein können. Nun stehen wir an der Schwelle zu neuen Entwicklungen und Trends, die die Art und Weise, wie wir uns vernetzen und austauschen, weiter prägen und verändern werden.

Aufstieg der Hybrid-Events

Ein Trend, der sich abzeichnet, ist der Aufstieg von Hybrid-Events. Diese kombinieren Elemente von Live-Veranstaltungen mit digitalen Komponenten und bieten das Beste aus beiden Welten. Sie erweitern die Reichweite, ermöglichen eine größere Flexibilität und bieten vielfältige Interaktionsmöglichkeiten. Für den #CatchUpCall könnte dies bedeuten, dass zukünftige Events sowohl ein Live-Publikum als auch eine digitale Teilnehmerschaft ansprechen.

Verbesserte Technologie für tiefere Verbindungen

Die ständige Weiterentwicklung von Technologien im Bereich des digitalen Netzwerkens eröffnet neue Möglichkeiten, um tiefere und bedeutungsvollere Verbindungen zu schaffen. Künstliche Intelligenz, erweiterte Realität und virtuelle Realität könnten in Zukunft eine größere Rolle in digitalen Netzwerk-Events spielen. Diese Technologien könnten dazu beitragen, die Erfahrungen der Teilnehmer zu personalisieren und sie noch stärker in die Events einzubinden.

Fokus auf Authentizität und Wert

Ein weiterer Trend ist die zunehmende Fokussierung auf Authentizität und echten Mehrwert. Teilnehmer digitaler Netzwerk-Events suchen nach authentischen Erlebnissen und echten Lernmöglichkeiten. Der #CatchUpCall wird sich weiterhin darauf konzentrieren, authentische Plattformen zu bieten, auf denen echte Geschichten geteilt und wertvolle Erkenntnisse gewonnen werden können.

Nachhaltigkeit und soziale Verantwortung

Nachhaltigkeit und soziale Verantwortung werden zunehmend wichtige Aspekte bei der Organisation von Netzwerk-Events. Digitale Veranstaltungen bieten den Vorteil einer geringeren ökologischen Belastung, und es wird erwartet, dass Veranstalter zunehmend verantwortungsbewusste Praktiken anwenden werden.

Epilog

Epilog

Ein Denkmal für einen Visionär

Während Ute und ich das letzte Kapitel unseres Buches über den #CatchUpCall abschließen, tun wir dies mit schweren Herzen und einer tiefen Ehrfurcht. Es ist uns eine besondere Ehre und Pflicht, diesen Epilog Franz König zu widmen – einem Mann, der nicht nur unser Verleger, sondern auch ein Visionär und treibende Kraft hinter vielen unserer Projekte war. Franz König, der von einer schweren Krankheit gezeichnet war, hinterlässt ein beeindruckendes Vermächtnis, das weit über die Seiten dieses Buches hinausgeht.

Franz Königs Rolle und Einfluss

Franz König war mehr als nur ein Verleger. Er war ein Mentor, ein Innovator und ein Inspirator. Seine Fähigkeit, das Potenzial in Ideen zu sehen und diese in greifbare Realitäten zu verwandeln, war beispiellos. Sein unerschütterlicher Glaube an die Kraft des geschriebenen Wortes und seine Leidenschaft für das Verlagswesen haben unzählige Autoren, Leser und natürlich uns, Ute und mich, tief berührt und inspiriert.

Ein Vermächtnis, das weiterlebt

Franz Königs Einfluss auf die Welt des Buchverlags kann nicht hoch genug eingeschätzt werden. Er hat eine Brücke zwischen der traditionellen Welt des Buchdrucks und der modernen digitalen Ära geschlagen. Sein Engagement für Qualität, sein Sinn für Ästhetik und sein unermüdliches Streben nach Exzellenz haben den Buchverlag Ratio Books zu dem gemacht, was er heute ist – ein Synonym für herausragende Verlagsarbeit.

Das Denkmal eines Visionärs

In diesem Buch, das auch dank seiner Unterstützung entstanden ist, sehen wir ein Denkmal für Franz Königs Vision. Es steht für seinen unerschütterlichen Glauben an die Bedeutung von Wissen, die Macht des Netzwerkens und die Notwendigkeit, Raum für innovative Ideen zu schaffen. Dieses Buch ist nicht nur eine Sammlung von Geschichten und Erkenntnissen, sondern auch ein Spiegelbild von Franz Königs Leidenschaft und Hingabe.

Abschlussgedanken

In diesem Epilog verneigen wir uns vor Franz König. Wir danken ihm für seinen Glauben, seine Weisheit und seine Unterstützung. Sein Geist und sein Erbe werden in jedem Kapitel, jeder Zeile und jedem Wort dieses Buches weiterleben. Franz König mag vielleicht die letzte Seite seines Kapitels im Buchverlag ratio-books schreiben, aber die Geschichte, die er begonnen hat, wird weitergehen – in den Herzen und Gedanken aller, die das Glück hatten, mit ihm zu arbeiten und von ihm zu lernen.

In tiefer Dankbarkeit und mit größtem Respekt,

Ute und Alexander

Vom Traum zum Druck: Entdecke die Geheimisse des Buchverlags

von Franz König

Stell dir eine Welt vor, in der das Veröffentlichen deines eigenen Buches unerreichbar erscheint, umgeben von Mythen über unerschwingliche Kosten. Man sagt, dass du mindestens 8000 Euro oder mehr benötigst – doch das ist weit entfernt von der Wahrheit.

In diese Welt der Missverständnisse und Übertreibungen bringt Franz König, ein versierter Autor und Gründer des Verlags ‚ratiobooks', Klarheit und Wahrheit. Mit seiner umfassenden Erfahrung sowohl als Schriftsteller als auch als Verleger versteht er wie kaum ein anderer die wirklichen Gegebenheiten und Chancen des Buchmarktes. Er hat nicht nur seine eigenen Werke veröffentlicht, sondern auch zahlreichen Unternehmern und Autoren wie dir geholfen, den Übergang vom Schreiben zum Publizieren zu meistern.

In diesem Buchbeitrag öffnet Franz König die Tür zu seinem Wissen und seinen Erfahrungen. Er entlarvt die Mythen rund um das Buchpublizieren und zeigt auf, wie du deinen Traum vom eigenen Buch realisieren kannst, ohne dabei ein Vermögen zu investieren. Seine Geschichten und die Erfahrungen seiner Autoren dienen als Inspiration und Leitfaden für alle, die sich auf das spannende Abenteuer des Schreibens und Veröffentlichens einlassen wollen.

Begleite uns auf dieser aufschlussreichen Reise in die Welt des Buchpublizierens. Lass dich von Franz König, einem wahren Meister seines Fachs, führen. Sein pragmatischer und innovativer Ansatz hat bereits vielen den Weg geebnet – und jetzt kann er auch deiner sein.

... aus Sicht von Franz König:

Begleite mich auf eine Reise zurück ins Jahr 2006, das Jahr, in dem ich meinen Verlag ‚ratiobooks' gründete. Vor mir lag eine gewaltige Aufgabe: **Ich hatte keinen einzigen Autor.** Meine Vision war es, eine Palette an Genres zu bieten – Regionales, Kriminales, Vergnügliches. Doch ohne Autoren waren diese nur leere Versprechungen.

Also machte ich mich auf den Weg. Ich durchstöberte zahlreiche Veranstaltungen, immer **auf der Suche, fast wie ein Spürhund auf der Jagd nach Talenten.** Schließlich stieß ich auf einen Autor, dessen Talent unverkennbar war, doch er zögerte. **Es dauerte sechs Monate und eine Menge Überzeugungsarbeit,** bis er bereit war, seine einzigartige Mundart in Buchform zu gießen. Heute ist er nicht nur ein veröffentlichter Autor, sondern auch ein beliebter Redner – **ein perfektes Beispiel dafür, dass Beharrlichkeit sich auszahlt.**

Diese Erfahrung ist weit entfernt vom üblichen Weg, den Autoren einschlagen. Normalerweise sind es die Autoren, die Verlage suchen, aber es ist selten, dass Verlage aktiv nach Manuskripten Ausschau halten. Der Grund? Verlage verdienen nicht direkt am Lesen von Manuskripten.

Aber **warum solltest du als Unternehmer ein Buch in Betracht ziehen?** Nehmen wir das Beispiel eines Garten- und Landschaftsbauers. Du hast einen prachtvollen Garten angelegt. Doch wie bringst du das Ergebnis deinen zukünftigen Kunden nahe? Nicht einfach durch Worte. Die Antwort liegt im Dokumentieren. Wenn du viele solche Projekte hast, warum nicht ein Buch daraus machen?

Nun, stell dir vor, du arbeitest im Baugewerbe. Das Badprojekt, an dem du monatelang gearbeitet hast, ist endlich fertiggestellt. Du kannst jedoch nicht einfach bei deinen Kunden klingeln und sagen: ‚Schau dir dieses wunderbare Bad an, das wir geschaffen haben.' Aber was, wenn du dieses Projekt in einem Buch dokumentierst? Stelle dir vor, die gesamte Geschichte deines Unternehmens, angereichert mit beeindruckenden Vorher-Nachher-Bildern von Bädern, die du gestaltet hast. **Das wäre nicht nur ein mächtiges Portfolio, sondern auch ein Zeugnis deiner handwerklichen Kunst.**

Von der Baustelle zum Bestseller:
Kreative Buchideen für Unternehmer

Oder nehmen wir das Gastronomiegewerbe. Stelle dir eine Pizzeria aus Palermo vor, geführt über Generationen hinweg. Die Geschichte des Aufbaus, die Familientraditionen, gespickt mit originalen Rezepten – all das könnte in einem Buch festgehalten werden. Ein solches Buch könnte dann als besonderes Geschenk für treue Kunden dienen, vielleicht nachdem sie einen bestimmten Betrag ausgegeben haben, oder es könnte dazu verwendet werden, um besondere Events und Feierlichkeiten, die in deiner Pizzeria stattfinden, zu dokumentieren. Ein Buch ist ein hervorragendes Mittel, um die Einzigartigkeit deines Unternehmens zu zeigen und Kunden emotional zu binden.

Und denk an die Möglichkeiten für Coaches und Berater. **Ein Buch ermöglicht es dir, dein Wissen und deine Erfahrungen mit einem viel größeren Publikum zu teilen**, als du es jemals in Einzelgesprächen könntest. Es ist eine Chance, dein Fachwissen einer breiten Öffentlichkeit zugänglich zu machen und so deinen Einflussbereich zu erweitern.

Natürlich gibt es keine Erfolgsgarantie, aber bedenke folgendes: **Wenn du täglich nur 10 Minuten in dein Buchprojekt investierst, wird daraus mit der Zeit etwas Großes entstehen.** Diese zehn Minuten täglich können sich zu einer kraftvollen Gewohnheit entwickeln. Und wenn du Unterstützung brauchst, bin ich hier, um dich auf diesem Weg zu begleiten. **Ein Buch zu schreiben, bedeutet, ein Stück von dir selbst der Welt zu hinterlassen.** Es ist eine Reise, die nicht nur dein Unternehmen, sondern auch dich persönlich bereichern kann.

Verwandle Dein Wissen in Wirkung: Wie ein Buch Dein Business und Dein Profil stärkt

Jetzt fragst du dich vielleicht: **‚Warum brauche ich überhaupt ein Buch?'** Die Antwort liegt auf der Hand. **Ein Buch etabliert dich als Experten in deinem Feld.** Es öffnet einen zusätzlichen Vertriebskanal und bietet dir unzählige Möglichkeiten, dein Wissen und deine Erfahrungen zu teilen.

Stell dir vor, du nutzt dein Buch als Grundlage für Seminare und Vorträge. Oder andersherum: Du verpackst deine Vorträge und Workshops in Buchform, um sie einem größeren Publikum zugänglich zu machen. Wenn du hochpreisige Produkte oder Dienstleistungen anbietest, kann ein Buch Teil eines effektiven Funnelsystems sein, dass deine Kunden auf eine tiefere Ebene deines Angebots führt.

Die Digitalisierung eröffnet weitere Möglichkeiten. Deine Blogposts und Podcasts können in Buchform noch einmal neues Leben eingehaucht bekommen, und umgekehrt kann dein Buch die Grundlage für digitale Inhalte sein. Ein Buch zu haben, ist nicht nur eine Frage des Prestiges – obwohl es natürlich ein stolzes Gefühl ist, in der Deutschen Nationalbibliothek verzeichnet zu sein – es ist auch eine Frage der Glaubwürdigkeit und des Einflusses.

Vielleicht denkst du jetzt an alle möglichen Ausreden, warum du kein Buch schreiben kannst oder sollst. ‚Ich habe keine Zeit', ‚Ich bin kein guter Schreiber', ‚Wer möchte schon mein Buch lesen?' – das sind alles nur Hindernisse in deinem Kopf. Schick mir deine Liste mit Ausreden, und ich werde dir zeigen, wie du sie überwinden kannst.

Und zum Abschluss möchte ich dir eins ans Herz legen: **Mach dein eigenes Buch.** Es ist mehr als nur ein Stapel Papier – **es ist ein Stück von dir, das die Welt sehen soll.**

Franz König

Verleger

Franz König war Gründer des innovativen Verlags „ratiobooks“. Mit tiefgreifendem Verständnis für den Buchmarkt und einer Leidenschaft für das Veröffentlichen hat er zahlreichen Autoren den Weg zum eigenen Buch geebnet. Sein Verlagskonzept hat er geändert. Er begleitete Coaches, Trainer, Speaker und Unternehmer zu ihrem eigenen Buch. Sein Engagement für individuelle Beratung und maßgeschneiderte Veröffentlichungsstrategien machten ihn zu einem geschätzten Mentor in der Verlagsbranche. Franz inspirierte durch seine Expertise und seine Überzeugung, dass jeder seine Geschichte erzählen kann.

Links zum Event:

Zum #CatchUpCall gehts hier:

https://www.linkedin.com/company/catchupcall/

Zu den Bewertungen hier:

https://www.provenexpert.com/catchupcall/

Podcast:

Spotify:

https://open.spotify.com/show/4f3Ff4obabg3SnLsWHNkhp?si=c72ab18779f34675

Apple:

https://podcasts.apple.com/de/podcast/catchupcall/id1653490681